煤炭输送系统
智能控制及应用

孔祥臻　　赵敬伟　著

化学工业出版社

·北京·

本书总结了大运距输送系统的发展现状及其关键技术，针对当前大运距煤炭输送系统设计中存在的设计及施工难度大、后期运行维护费用比例高、系统效率及运行可靠性低等问题，结合内蒙古某矿井工业场地和化工厂工业场地之间区域地势，介绍了大运距输送系统的设计方案、主要设备的关键技术及其选用原则、煤炭定重装载系统连续改向装置的设计及其建模型建立、大运距曲线带式输送机设计的智能控制，对大运距曲线带式输送机静态特性和动态特性进行了精确分析。

本书适用于从事煤矿机械专业、机械设计及其制造专业、电气自动化和生产过程自动化领域工作的工程技术人员学习，也可以作为大专院校工业自动化、机械电子、流体传动与控制等专业的教学参考书。

图书在版编目（CIP）数据

煤炭输送系统智能控制及应用/孔祥臻，赵敬伟著.
—北京：化学工业出版社，2020.6
ISBN 978-7-122-36449-4

Ⅰ.①煤…　Ⅱ.①孔…　②赵…　Ⅲ.①煤矿运输-物料输送系统-智能控制　Ⅳ.①TD52

中国版本图书馆 CIP 数据核字（2020）第 043426 号

责任编辑：万忻欣　李军亮　　　　　　　　装帧设计：张　辉
责任校对：宋　玮

出版发行：化学工业出版社（北京市东城区青年湖南街 13 号　邮政编码 100011）
印　　装：北京虎彩文化传播有限公司
710mm×1000mm　1/16　印张 12　字数 208 千字　2020 年 6 月北京第 1 版第 1 次印刷

购书咨询：010-64518888　　售后服务：010-64518899
网　　址：http://www.cip.com.cn
凡购买本书，如有缺损质量问题，本社销售中心负责调换。

定　　价：68.00 元　　　　　　　　　　　　　　版权所有　违者必究

前 言

随着现代工业、农业、交通运输等行业规模的不断发展扩大，人们对散料运输的经济性、可靠性、高效性等方面的要求日益提高。在大型煤炭输送系统中，随着输送距离和线路复杂程度的增加，对输送设备的稳定性、经济性要求也越来越高。

大型煤炭系统的运输方式主要有火车运输、汽车运输和带式输送机运输三种。其中带式输送机具有效率高、运行稳定、运营成本低、事故率低、不受天气等外界条件影响的特点，在煤炭输送系统中已得到广泛应用。

在大型煤炭系统中，设备的数量直接影响系统的故障率，在条件和技术允许的情况下，尽量增加带式输送机的长度，以减少转载环节，降低设备维护、维修的工作量，减少因转载造成的煤尘污染和噪声污染。大运距复杂带式输送机的应用在很大程度上解决了煤炭输送系统的这些关键问题。

在大运距带式输送机设计中，降低带强是重点考虑的问题之一。输送带成本占一次性投资及后期运行维护费用比例较大；高带强输送带成槽性能差，输送带接头效率低；高带强输送带自重增大，致使无用功增加，造成长期运行能源浪费；输送带的高张力还会导致平面转弯半径加大，加大设计施工难度，地形较复杂处会使整机布置受到限制。针对以上关键问题，结合矿井工业场地和化工厂工业场地之间区域地势，本书提出了大运距煤炭输送系统设计及关键技术。围绕此项技术，主要做了如下研究工作。

首先，本书综述了目前煤炭输送系统的研究背景及意义，介绍了大运距曲线输送机的国内外发展现状和大运距输送机的关键技术，提出了大运距曲线带式输送机存在的问题。

其次，本书提出大运距煤炭输送系统的设计方案并进行理论论证。结合矿井工业场地和化工厂工业场地之间区域地势特征，经过现场考察及实地测量，确定了运距为 9.4km 的大运距输送系统设计方案，并对系统中涉及的关键技术，如驱动力矩的分配方案、驱动装置的布置、多点驱动的张力分析、空间转弯半径、胶带跑偏等进行了综合分析研究；设计了整个方案的工艺流程和输送系统的运量，并对涉及的运输设备进行配置。

最后，本书介绍了大运距曲线带式输送机设计的智能控制程序策略及软件界面，及其对大运距曲线带式输送机静态特性和动态特性的精确分析。利用该控制程序确定了系统的主要技术参数，并进行了相关设备的选型，设计出完整的大运距煤炭输送系统，并进行投产。通过实际现场使用情况来看，针对矿井设计的大运距煤炭输送系统是可行有效的。

本书是基于 LabVIEW、AMESim、Visual C++ 以及 MATLAB 软件开发设计编写而成的。各章节的内容相互关联但又有一定的独立性，读者可以结合自己的学习方向深入地进行研究。

本书由山东交通学院孔祥臻教授、济南创程机电设备有限公司高级工程师赵敬伟共同完成，笔者在研究过程中得到山东大学工程机械学院刘延俊教授、通用技术集团工程设计有限公司正高级工程师蒋守勇等专家帮助及指导，在此一并表示感谢。

本书的研究工作得到了山东交通学院"攀登计划"创新团队（SDJTUC1805）的资助。

由于作者水平有限，书中难免存在一些不足之处，真诚欢迎广大读者批评指正。

著者
2019 年 10 月

目 录

第3章

主要设备关键技术分析

第6章

煤炭输送系统设计软件开发及设备选型

第1章

概　述

1.1 煤炭输送系统的研究背景及意义

煤炭开采是工业基础，而其产品运输又是最重要的工序之一，它的成本直接关系到工业各部门的经济效益。随着现代工业、农业、交通运输等行业规模的不断扩大发展，人们对散料运输的经济性、可靠性、高效性等方面的要求也日益提高。作为煤炭输送系统中最核心的带式输送机，在物料的运输能力、设备的安装维护及综合的经济效益上优势显著，伴随着煤炭输送系统的应用越来越广泛，人们对所使用的带式输送机的要求也越来越高。

带式输送机是以胶带作牵引和承载构件，通过承载物料胶带的运动来进行物料输送的连续输送设备。沿输送机全程分别布置有胶带、托辊和支架，另外驱动装置、拉紧装置、储带装置和清扫装置等也是带式输送机的重要组成部分。目前，综合输送量、运距、经济效益等各方面的因素，输送机都有着比汽车、火车等其它运输方式更为优越的性能，已广泛应用于电力、冶金、化工、煤炭、矿山、港口和粮食等许多部门。

20 世纪以来，随着经济的飞速发展，全球对煤炭和其它原材料的需求增加，促进了大量大型矿井的开发，同时随着对系统投资减少和运行效益提高的要求，使普通带式输送机向更快、更宽、更大型化方向发展。随着设备、劳动力和能源等成本的日益增加，考虑到皮带机工作环境受到地形、地物、地质条件和输送方式的限制，对满足大运量、大运距、高带速、弯曲变向等特征的大型带式输送机的需求日益增多。

带式输送机与传统的直线胶带机、汽车等其它运输工具相比具有环保效益显著、经济效益高、可靠性高、安全性高、使用范围广等优势。当前，随着带式输送机输送技术的不断发展，大运距煤炭输送系统在各种复杂线路的煤炭输送方案中得到广泛应用，目前已经成为最经济有效的煤炭输送方式。

1.2　大运距曲线带式输送机的发展现状

1.2.1　大运距曲线带式输送机的应用

带式输送机最早出现于 18 世纪末，最初的小型带式输送机是直线运输的。如图 1-1 所示为传统带式输送机。

图 1-1

图 1-1　传统带式输送机

　　经过百余年的发展，加以人们不断地研究和探索曲线带式输送机的设计理论和实践方法，目前曲线带式输送机被广泛应用于电力、冶金、化工、煤炭、矿山、港口和粮食等各个领域中。

　　随着社会各界对节能和环保意识的不断提高，同时由于大型曲线带式输送机自身的优势，如可适应不同地形、地貌布置广泛、工程造价低等，使得大型曲线带式输送机市场前景越来越好。目前大型曲线带式输送机相关技术已被国内各界人士，在各大电力设计院、煤炭设计院、钢铁设计院、港口设计院、水泥建材设计院、大专院校以及电厂、钢铁厂、港口等单位迅猛推广开来。如图 1-2 所示为曲线带式输送机应用实例。

图 1-2

图 1-2　曲线带式输送机应用实例

　　曲线带式输送机分为垂直弯曲运行和平面弯曲运行两种。

　　垂直弯曲运行设计理论研究得比较早，目前基本上各种带式输送机都能够实现凹凸曲线的运输，因此为适应地形需要，具有凹凸曲线段的运输系统已被广泛应用。其单机最长运距可达 21km，最小半径可达十几米，在理论和技术上国内外学者都做了较深入的研究，是比较成熟的弯曲应用类型。如图 1-3 所示为垂直弯曲带式输送机。

图 1-3　垂直弯曲带式输送机

平面弯曲带式输送机是带式输送机成型后，受地形、地物、地貌、投资等客观条件和经济条件的影响才开始出现的。虽然平面弯曲出现得比较晚，但其巨大的应用潜力已被世界各国的生产者和用户所认同。如图 1-4 所示为平面弯曲带式输送机。

图 1-4　平面弯曲带式输送机

1.2.2　曲线带式输送机的国外发展现状

从 20 世纪 60 年代开始，国外在带式输送机平面转弯运行方面进行研究。对于大运距平面弯曲带式输送机的研究已有几十年的历史，取得了很多的科研成果，其中以德国、法国、美国和奥地利为主要代表，目前已经广泛应用于煤矿、电站建设、冶金和港口码头等生产生活方面。这些国家对大运距曲线带式输送机在控制监控、安全稳定和关键性元件等方面的研究也处于领先地位。国外主要的平面转弯带式输送机主要参数见表 1-1。

表 1-1　国外主要的平面转弯带式输送机主要参数

投产年份	国家	机长/m	带宽/mm	半径/m	带速/(m/s)	运量/(t/h)
1985	美国	3385	800	1200～1800	2.9	720
1989	澳大利亚	10180	1050	9000	4.1	2200

续表

投产年份	国家	机长/m	带宽/mm	半径/m	带速/(m/s)	运量/(t/h)
1991	南非	12344	1200	6000	4.0	1000
1992	德国	1050	800	950	1.68	300~40
1998	澳大利亚	14000	1200	(多处)	4.5	1800
2012	委内瑞拉	1125	1400	800	2.0	1800

目前为止，国外高速运行的带式输送机平稳运行的速度达到 7～12m/s，德国的带式输送机的最高速度已超过 15m/s。

1.2.3 曲线带式输送机的国内发展现状

国内对平面转弯带式输送机的发展与研究工作开展得相对较晚。我国 1959 年首先在淮南矿区实现了平面转弯带式输送机的运行，但是由于缺乏理论研究方面的依据，因此这项工作没能得到深入。最近几十年来，国内外对水平弯曲一直比较关注，该领域是一个热门研究的领域。

国内多所高校和科研机构在进行带式输送机的研究。山东矿业学院对接近水平的胶带输送机的转弯运行进行了研究，给出了曲率半径的计算实例，并给出输送机沿曲线稳定运行的重要条件。辽宁工程技术大学对有限元分析、启制动曲线、水平转弯及断带检测等方面进行了研究；东北大学对托辊运行阻力随带速变化进行了实验研究；上海交通大学提出了带式输送机的动态设计方法以及该方法与计算机技术相结合的设计决策支持系统。

枣庄陶庄煤矿于 1979 年在井下实现了曲线皮带机的平面运行并应用于煤矿的实践。山东兖州矿务局于 1984 年设计出了长达 1000m 的平面转弯带式输送机。北方重工输送设备分公司于 2005 年设计出了用于水泥熟料输送系统的带式输送机，单机长 9.8km，该公司于 2011 年为印度 RELIANCE 公司设计出的带式输送机单机长 14.2km，是当时国内自主研发的单机最长的平面转弯带式输送机。

随着研究工作不断深入，带式输送机动力学性能研究积累了大量的宝贵经验和资料，利用新的设计手段研究带式输送机动力学模型的时机已经成熟。目前我国带式输送机最常见的运行速度为 2～4m/s，最高速度为 5.85m/s。

1.3 大运距输送系统的关键技术

在确定采用带式输送系统来完成散料输送后，首先要面对的问题就是如何经济合理地设计出带式输送机系统，也就是要选择一个好的设计标准。一个好的设计标准即更接近实际的需要。

1.3.1 设计标准选用

在采用带式输送机完成散料输送时，一个好的设计标准是决定带式输送机系统性能好坏的关键。

带式输送机系统的设计标准，国内外有很多种，如国际标准 ISO5048、美国标准 CEMA、德国标准 DIN22101，以及我国的 GB/T 17119—1997 等。

在设计带式输送机时，我国一般参照 ISO 国际标准制定相应的国标，该标准是一种安全或偏于保守的设计标准。例如相对于 ISO 国际标准，我国制定的标准中，安全系数或者运行阻力系数偏大，从而造成选用的电动机功率过大，带宽过宽或抗拉强度要求偏高。

1.3.2 动态特性研究

近年来，带式输送机的动态特性研究在国内外已得到深入的研究。

20 世纪 60 年代，苏联就对输送机的简化数学模型进行分析。70 年代初，德国的 H. Funke 等人进行了以行波理论为基础的动态分析方法的研究工作，美国的 Nordell 将有限元的概念引入到输送机的质量和弹簧模型中。

我国的李云海在 20 世纪 90 年代初提出了带式输送机横向振动的理论分析及稳定性条件;90 年代后,宋伟刚、侯友夫、李光布在带式输送机的力学、数学模型方面进行了许多研究工作。

在动力学分析中,由于输送带易变形和黏弹性大等许多非线性因素的存在,使得输送机系统的动态特性无法用简单的线性特性来表示,所以通常采用非线性理论研究输送机的动态特性。在大运距带式输送机设计中,特别是在线路起伏大、运行工况比较复杂的情况下,动态分析作为一种辅助设计手段是非常必要的。

1.3.3 启动和制动性能

根据通用带式输送机的设计标准,带式输送机的启动和制动加速度为 $0.1 \sim 0.3 \mathrm{m/s^2}$。但是对于大运距输送的输送机,一般是采用具有可控启动和制动功能的驱动装置,来减小输送带及相关的承载部件的载荷。常用的启动和制动驱动方法有刚性启动、软启动和制动、可控启动和制动三种。

由于输送系统带式输送机运距长,变坡点多,线路较为复杂,致使工况复杂,运行控制时如何确定多点驱动启动的时间间隔成为技术难题。

1.4 大运距带式输送机的技术难题

在大运距带式输送机设计中,降低带强是重点考虑的问题之一。输送带成本占一次性投资及后期运行维护费用比例较大;高带强输送带成槽性能差,输送带接头效率低;高带强输送带自重增大,致使无用功增加,造成长期运行能源浪费;输送带的高张力还会导致平面转弯半径加大,加大设计施工难度,地形较复杂处会使整机布置受到限制。

本书中涉及的矿井工业场地和化工厂工业场地之间区域地势开阔,

比较平坦，并且大部分为戈壁滩，沿途有两户居民，两个牧场，非常有利于运煤方案的实施。由于改矿井工业场地大部分设施已经规划完毕，并且留有本输送系统的转载位置，因此输送系统运煤通道可以从矿井末煤仓的转载点直线到达化工厂的储煤仓。输煤通道沿线中部需要跨过一条宽约 220m、深约 35m 的山沟，经过实地勘察了解，此山沟经过多年雨水的冲刷形成，成为当地主要的排涝泄洪通道，不能堵塞占用。

针对上述情况，两个工业场地之间 9.4km 的煤炭运输，为本次设计的关键问题。

第2章

输送系统设计理论及方案设计

2.1　输送系统设计方案

2.1.1　设计方案提出

本方案是基于内蒙古某矿区的实地项目提出的，针对该地区的地形特点，提出了大运距输煤系统的设计。

为了加快矿区煤炭资源就地转化，提高煤炭资源利用效率，该项目中的甲醇、二甲醚工程已经开始建设，该项目厂址距离矿井工业场地大约 9.4km。根据化工厂规划，其生产原料、热电站用煤均来源于该矿井。煤质工业分析要求灰分含量不大于 13.64%，发热量不小于 25960kJ/kg。

矿井初期开采 2^{-2} 煤，平均灰分含量为 7.12%，0～50mm 级原煤加权灰分含量只有 9.52%，煤矿初期建设筛选厂，完全可以满足甲醇厂原料煤和燃料煤的煤质需要。原煤煤质的其它指标也达到或者优于化工厂原料煤和燃料煤的煤质要求。

如图 2-1 所示为现场地形实地考察图。矿井工业场地和化工厂工业场地之间区域地势开阔，比较平坦，并且大部分为戈壁滩，沿途有两户居民，两个牧场，非常有利于运煤方案的实施。

图 2-1　现场地形实地考察

由于该矿井工业场地大部分设施已经规划完毕，并且留有本输送系统的转载位置，因此输送系统运煤通道可以从矿井末煤仓的转载点直线到达化工厂的储煤仓。输煤通道沿线中部需要跨过一条宽约 220m、深约 35m 的山沟。如图 2-2 所示为沿途测量用标志物。

图 2-2　沿途测量用标志物

针对上述情况，两个工业场地之间 9.4km 的煤炭运输，为本次设计的关键问题。

根据本项目运输实际情况，铁路专用线用地，便于征地；从矿井与化工厂之间的戈壁滩中间穿越，造成其余荒地被分割为两块，不利于有效利用，对征地不利，不符合当地土地规划要求。因此，铁路运输方案不予采用。

结合当地交通道路和地形特征，根据运输方式的不同，提出如下两个煤炭输送方案。

方案一：汽车运输方案，取煤点位于矿井工业场地地销煤仓下。

方案二：带式输送机运输方案，取煤点位于矿井工业场地产品仓下。

2.1.2　设计方案论证

本项目中的矿井地面工业广场设置了三个直径为 21m 的原煤仓，每个仓下设置两台汽车装车给煤机，整个装车系统上可以满足每年 1200 万吨（$1.2 \times 10^7 \text{t/a}$）的运输能力。化工厂工业场地需建设一个汽车受煤坑，以转载运入化工厂储煤仓。

（1）汽车运输方案主要特点

① 煤炭由煤仓装入汽车，运输到化工厂，对矿井工业场地的影响最小，利用工业广场内的道路即可满足要求。

② 该方案需在化工厂工业场地内增加汽车受煤系统，增加了化工厂占地面积，并且增加了煤炭的装载、卸载环节。

③ 该方案汽车运输规模为 $1.2 \times 10^7 \text{t/a}$，需要扩建或拓宽一条专用运煤公路，运输距离约为二十多公里，经计算需要 55 辆载重量不小于 50t 的汽车连续往返运输。装、卸载作业量大，吨煤运输费用高。

④ 受气候影响大，特别是在雨雪天气对汽车运输会带来极大的困难。

（2）带式输送机运输方案主要特点

① 运输能力大，运营成本最小。

② 两个工业场地之间运煤通道沿线地势开阔，并且大部分为戈壁滩，沿途有两户居民，两个牧场，可直接建成一条专用运输走廊。

③ 采用带式输送机方式，与矿井和化工厂内煤炭的运输方式完全相同，有利于生产运输管理。

④ 采用带式输送机连续运输对周围环境影响小，煤尘污染小。

⑤ 不受天气条件影响，能够很好地保证化工厂原料煤的连续供应。

⑥ 可充分利用带式输送机走廊一侧增设甲醇和二甲醚输送管路，为今后化工产品的外运提供便利。

两个输送系统方案的优缺点比较见表 2-1。

表 2-1　两个输送系统方案的优缺点比较

项目	方案一	方案二
特征	汽车运输，从煤矿地销煤仓下取煤	带式输送机运输，从煤矿产品仓下取煤
优点	① 不需要对煤矿设施进行改造； ② 不需要新建工程	① 运输能力大，效率高，运营成本小； ② 场区地形条件对采用带式输送机运输有利； ③ 对环境污染小； ④ 运营成本低，约为 7 元/吨

项目	方案一	方案二
缺点	① 化工厂需增加汽车受煤系统,增加占地面积; ② 运距长,煤炭装卸载作业量大,效率低; ③ 运营成本高,约为12元/吨	① 建设期投资成本高; ② 需新征地

从以上比较中可以看出,方案二（带式输送机运输方案）的煤炭运营成本每吨可节省 5 元,按每年 1200 万吨的输送量计算,每年可节省 6000 万的运营成本。

经过以上两个方案优缺点的比较,设计选择带式输送机运输方案,取煤点位于矿井工业场地产品仓下。

2.2　工程设计

2.2.1　工艺流程

矿井至化工厂输煤系统主要承担该矿井的 0～30mm 的精煤和中煤到化工厂储煤仓的运输任务,设计运输能力为 $1.2×10^7$ t/a,采用带式输送机运输方式,由矿井末煤仓南侧的转载点以最短路线运输到化工厂储煤仓一侧,经上仓带式输送机转载,由配仓刮板机装入储煤仓。

2.2.2　输送系统运量

输送系统设计运输能力为 $1.2×10^7$ t/a,工作制度为每年工作 330 天、每天运输时间 16 小时,与矿井工作制度相同。

输送系统运量可以按照式 (2-1) 计算。

$$Q = K × [A_{\mathrm{m}}/(dh)] \tag{2-1}$$

式中　Q——带式输送机运量，t/h；

　　A_m——输煤系统运输规模，t/a；

　　K——不均衡系数，取 1.1；

　　d——年工作天数；

　　h——每天有效工作时间，h。

则

$$Q = K \times [A_m/(dh)]$$
$$= 1.1 \times [12000000 \div (330 \times 16)]$$
$$= 2500(t/h)$$

即带式输送机运量取：$Q = 2500(t/h)$。

2.3　运输设备配置

2.3.1　主要运输设备

本输送系统主要由矿井原煤仓下转载带式输送机及头部导料装置、大运距曲线带式输送机及头部导料装置、化工厂原煤上仓带式输送机及头部导料装置、仓上配仓刮板输送机组成。

输送系统中的主要运输设备为带式输送机。其中，原煤仓下转载带式输送机长度为 100m，化工厂原煤上仓带式输送机长度为 200m，仓上配仓刮板输送机长度 75m，均可按普通运输设备选型计算。

矿井与化工厂之间距离 9.4km，是整个输送系统中的核心，运输距离大，地形复杂，穿越多个丘陵和沟壑，沿途有牧场，其设计选型考虑经济性、合理性的同时，应考虑工程建设的可行性。

根据现场地形情况，矿井与化工厂之间若布置两条带式输送机，运输距离加长，需要在牧场周围的沟壑附近布置带式输送机驱动间和转载站，会对牧民产生噪声和环境污染。综合多方面的因素，结合用户的意见，克服现有的技术难关，最终确定在矿井与化工厂之间建设一条长度9.4km 的大运距带式输送机。如图 2-3 所示为输煤系统平面线路布置图。

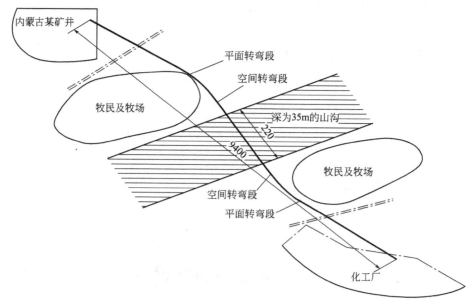

图 2-3 输煤系统平面线路布置图

经现场实地考察，带式输送机沿途最大沟壑宽度为 220m，深度为35m，穿过 4 个山丘，并有两个牧场。由于牧场搬迁难度很大，且费用较高，带式输送机运输线路需绕过牧场。带式输送机绕过牧场时需水平转弯，由于牧场周围地形起伏较大，同时需竖向弯曲，即在此范围内带式输送机需实现一次空间曲线弯曲，按常规的带式输送机技术难以满足本设备的设计。

因此，本系统的主要运输设备即为长度 9.4km 的带式输送机——大运距曲线带式输送机。主要运输设备见表 2-2。

表 2-2 主要运输设备

序号	名称	参数	数量
1	矿井原煤仓下转载带式输送机	$Q=2500\text{t/h}, L=100\text{m}$	1
2	大运距曲线带式输送机	$Q=2500\text{t/h}, L=9400\text{m}$	1
3	化工厂原煤上仓带式输送机	$Q=2500\text{t/h}, L=200\text{m}$	1

序号	名称	参数	数量
4	化工厂仓上配仓刮板输送机	$Q=2500\text{t/h}, L=75\text{m}$	1
5	带式输送机头部导料装置	$Q=2500\text{t/h}$	3

2.3.2　辅助设施

输送系统辅助设施应包括煤炭计量设施和机电修理与煤质检验设施等。

（1）煤炭计量设施

该输送系统能够承担矿井粒度小于等于 30mm 的煤炭运输到化工厂的任务，同时设有完善的煤炭计量设施。根据系统布置，设计在输送系统靠近带式输送机起点处设置 1 台承重动态精度优于 0.25% 的电子皮带秤，同时在化工厂上仓带式输送机机头附近也设置 1 台承重动态精度优于 0.25% 的电子皮带秤。通过上述两台电子皮带秤来完成输送系统煤炭的计量任务。

（2）机电修理与煤质检验设施

矿井至化工厂输送系统是矿井地面生产系统和化工厂煤炭运输系统之间联系的纽带，上述系统均采用了带式输送机连续运输方式，其中矿井和化工厂均设置了完善的设备日常维修设施，且上述三个系统的设备日常维修内容和煤质检验工作基本相同，因此输送系统不再设专门的辅助维修设施，全部依托矿井或者化工厂。

该矿井设有煤样室与化验室，完全有能力兼顾输送系统运输煤炭的煤样采集与煤质化验，设计建议输送系统煤样采集与煤质化验依托矿井煤样室与化验室。同时，化工厂也有相应的煤炭检测设施，输送系统也有条件依托化工厂相关设施来进行煤质检验。

该矿井机电修理车间面积为 $108\text{m} \times 36\text{m} = 3888\text{m}^2$，内设完备的机修、电修和锻锚焊工段。由于该厂房设施完善，辅助维修能力强，完全有能力兼顾输送系统的机电设备日常维修、维护工作，设计建议输送系统机电设备修理依托矿井机电修理车间。

（3）公用辅助工程

本输送系统需设有配套的土建工程、供电和配电系统、给排水系统、采暖系统、通风和除尘系统，均由相关专业设计提供。

2.4 本章小结

本章主要针对大运距输送的矿井提出了煤炭输送系统设计方案，并进行了论证。同时设计了整个输送系统的工艺流程和输送系统的运量。对主要的运输设备进行了配置，最终确定在矿井与化工厂之间建设一条长度 9.4km 的大运距带式输送机。

第3章

主要设备关键技术分析

3.1 设计原则及方法

3.1.1 设计原则

坚持以经济效益为中心，以市场为导向，优化输送系统布置，力求输送系统简单便捷，转载环节少，有利于项目实施和生产运行管理。积极采用先进技术和装备，力争用较少的投资、最优的方案和最合理的运营成本完成矿井到化工厂的煤炭运输任务。

本系统主要设备为大运距曲线带式输送机，在设计中，驱动装置布置方式和胶带受力强度是需要重点考虑的问题。胶带在设备一次性投资成本和后期的运营、维护、更换费用中所占的比例较大。胶带受力强度越高，运行安全性越高，使用寿命相对越长，但胶带成槽性越差，胶带接头强度比越低。胶带受力强度越高自重就越大，设备运行阻力越大，无用功越大，增加设备的运行成本，造成能源浪费。胶带受力强度越大还会使胶带转弯半径越大，增加设备长度和占地面积，对复杂地形来说，设备整体布置会受到限制。

合理布置驱动装置可减小带强，降低初期建设投资成本，减少后期的运营维护费用，增加胶带使用寿命，提高设备运行的安全性。

本输送系统中的曲线带式输送机，运输距离长、带速高、运量大，沿途地形起伏不平、环境差，风沙较大，工况复杂。如果整体设计不合理，就会造成设备启动或运行时飘带，胶带安全系数降低，出现许多安全隐患和机械故障。综合考虑环境因素的影响和带式输送机本身的运行、维护、可靠性等因素，做好带式输送机的设计，确保输送系统能够安全、可靠、良好地运行，如图 3-1 所示为通用的皮带输送装置结构原理图。

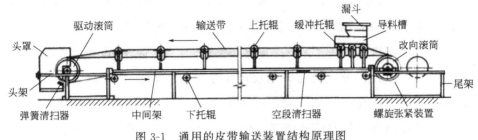

图 3-1　通用的皮带输送装置结构原理图

3.1.2　设计方法

在带式输送机的设计中，静态设计是一种最常用的方法，基本上可满足一般带式输送机的设计选型。但对于大运距复杂胶带机而言，仅采用静态设计方法是不够的，因为静态设计是建立在将胶带视为刚体部件的基础上的。实际上短距离胶带可看作刚体，大运距胶带是弹性体。在稳定匀速运行时，大运距胶带可视为刚体进行设计计算，在复杂状况下非匀速运行时，采用传统的静态设计方法会使带式输送机存在不同程度的设计缺陷。

在大运距曲线带式输送机设计中，尤其是在地形起伏大、运行工况比较复杂的情况下，动态分析可以作为一种有效的辅助设计方法。通过动态分析，对大运距曲线带式输送机在空载启动、满载启动、稳定运行、制动时的胶带的张力、速度、伸长量等都可进行较为准确的计算，为设备的控制系统设计提供较为可靠的依据，为大运距曲线带式输送机的稳定运行提供更加可靠的保障。

对大型带式输送机在启动、运行、制动过程中胶带的张力、速度、伸长量等的动态变化的分析，如胶带的动态峰值张力、恶劣工况下胶带的张力、拉紧装置的位移等是否超出设计范围是设计中必不可少的环节。采用动态分析方法，按不同的加速度曲线（如恒定值加速度曲线、正弦值加速度曲线、等加速曲线或等减速曲线）启动或不同的启动时间启动，分析输送机各关键部位胶带的张力、速度、伸长量等的变化情况。

根据静态和动态分析结果，结合设备的不同情况，确定最佳启动加速度、启动时间、停车减速度，核算是否需要机械制动，防止在启动、运行、制动过程中出现胶带张力过大的峰值或波动，影响设备安全稳定运行。

带式输送机是多种不同部件的组合体，合理、有效的布置才能保证设备的稳定运行。带式输送机的设计是系统设计，需要考虑的因素是多方面的，设计计算应考虑不同工况下的运行状态，在静态分析计算的基础上，利用动态分析对带式输送机的设计进行校核、修正和补充。

3.1.3　运行阻力

输送机的运行阻力包括主要阻力、附加阻力、特种主要阻力、特种附加阻力和倾斜阻力。主要阻力是物料、胶带移动所产生的阻力和承载分支、回程分支托辊旋转所产生阻力的总和；附加阻力包括加料段物料加速和胶带间的惯性阻力及摩擦阻力、加料段加速物料和导料槽两侧栏板间的摩擦阻力、胶带绕过滚筒的弯曲阻力和除传动滚筒外的改向滚筒轴承阻力；主要特种阻力包括托辊前倾的摩擦阻力和物料与导料槽栏板间的摩擦阻力；附加特种阻力包括胶带清扫器摩擦阻力和犁式卸料器摩擦阻力；倾斜阻力为因物料的提升或下降产生的阻力。

根据带式输送机的工作环境和设备布置情况，确定合理的模拟摩擦系数 f，计算带式输送机的运行阻力，根据运行阻力计算胶带张力。

设备启动和运行还应满足两个条件，即胶带与传动滚筒间的不打滑条件和胶带自身的垂度条件，可以先按不打滑条件计算，再验算垂度条件，也可以先按垂度条件进行计算，然后验算不打滑条件，最终的计算结果应该是一致的。

（1）模拟摩擦系数对运行阻力的影响

模拟摩擦系数的选取直接关系到输送机设备的整体计算结果和选型结果，特别是对于大运距曲线带式输送机来说，合理的模拟摩擦系数是设计方案合理的前提。针对设备的运行工况、托辊与托辊轴承加工质量和安装精度，特别是托辊的运行阻力对模拟摩擦系数影响较大，一般常用的托辊旋转阻力为 $2.5 \sim 3.0$N，低阻尼托辊的旋转阻力可降低 $30\% \sim 40\%$。如果模拟摩擦阻力系数较小，运行阻力计算结果会比实际运行阻力偏小，将出现驱动系统出力不够和胶带受力强度不够的情况，造成带式输送机运行事故；如果模拟摩擦阻力系数较大，势必会造成选取的驱动系统功率和胶带受力强度偏大，造成设备投资大和运行时耗能高。通过对多年来大运距带式输送机的设计、制造以及现场使用情况的数据分析，采用普通托辊实际模拟摩擦系数一般为 0.02～0.03。

低阻力带式输送机是采用低阻尼托辊、滚筒等阻力小的运行部件组装而成的带式输送机。设计计算时可以选用较低的阻力系数，降低相应部件强度，这样对部件有较高的加工、制作精度要求。设备投资相对较高，但长期运行费用低，低阻力带式输送机的设计可以在投资没有限制的实验性设备中采用。

在运量、带速及带宽一定的情况下，分析不同的模拟摩擦系数，通过比较分析法得出最优的配置方案，节省项目建设投资及后期运行成本。

设备所在地区属于高寒地区，结合本项目的运行环境，考虑设备的自身情况和相关设备的运行情况，设计选取的模拟摩擦系数为 0.025。

（2）带式输送机运行工况

大运距曲线带式输送机由于沿途起伏多变，启动后短时间内的运行过程中往往会出现多种驱动状况，如电动状态、发电状态、最大电动状态、最大发电状态、满载状态等。在不同工况下，胶带的张力不同。如果设计计算考虑不周到，会造成飘带、跑偏、撕带和部件的严重磨损等不正常现象，使输送机出现运行故障。

3.2　驱动装置及拉紧装置的布置

3.2.1　驱动装置布置

如图 3-2 所示为带式输送机驱动装置实物图。驱动装置是带式输送机运行的动力来源，主要由电动机、减速机、软启动装置、联轴器、制动器以及逆止器等设备组成。

图 3-2　带式输送机驱动装置实物图

驱动装置的合理选取和布置，可有效地降低胶带受力强度，延长设备使用寿命，能够减少设备投资和土建工程建设投资。

（1）驱动装置的位置选择

普通上运带式输送机一般将驱动装置布置在输送机的卸载滚筒处，普通下运带式输送机在发电工况下一般将驱动装置布置到入料处，但对于大运距曲线带式输送机而言，驱动装置的位置选取应考虑多方面的因素，也是在设备运行阻力和胶带张力计算后需要首先考虑的。一般有以下几种布置方式。

① 中间转载多点驱动

中间转载多点驱动可有效地减小胶带的最大张力值，降低胶带受力强度，降低设备中的胶带投资，同时能够有效地降低重载停车时的惯性力矩，减少制动设备的投资，从而提高设备运行的安全性，无形地增加设备的使用寿命。

但是中间转载多点驱动，由于增加了中间的转载落料环节，需要配备转载设备和除尘设备，物料对胶带的冲击次数增多，加快了胶带的磨损；中间转载时，需留出设备转载搭接空间，需增加设备高度，因此土建工程量也会增加，投资成本会相应提高；另外还会增加转载运行环节，导致设备故障点增多，设备维护、维修量也相应提高，且需要增加中间配电设施，提高了投资费用。

②　尾部集中驱动

对下运发电工况的带式输送机来说，驱动装置设置在入料位置处，可以有效地减小胶带张力，增加运行、制动的稳定性和可靠性，减少施工量，便于集中设备，优化布局，降低成本，但对于本项目输送机因线路起伏较多，工况复杂，采用尾部集中驱动，将造成胶带张力增大，胶带型号加大，降低了设备的安全可靠性，同时加大了投资成本，对大运距带式输送机来说现有的胶带受力强度可能难以满足要求。另外，采用尾部集中驱动会降低输送机在各种复杂工况下的启动稳定性与可靠性。故尾部集中驱动不适用本项目输送机。

③　头尾驱动

合理布置头尾部的驱动装置，使头尾驱动装置功率分别满足上下胶带运行产生的运行阻力，可以有效地降低胶带的最大张力，降低胶带受力强度，降低输送机成本。

④　头中尾驱动

对于大运距带式输送机来说，仅靠头尾驱动难以满足设备运行和胶带受力强度要求，在中间部位适当的位置设置驱动装置，可有效地降低胶带张力，增加设备运行的稳定性和安全性。但这样会使带式输送机驱动装置间数量增加，机械设备投资、供配电设备投资和土建工程投资都会相应增加，结合技术和经济比较，特别是对运输距离长、运行阻力大的带式输送机来说，此方案是可行的，也是适合本项目的比较理想的驱动方案。

（2）多点驱动的启动控制

由于本输送系统中带式输送机运距长，起伏变化大，线路较为复杂，受风沙环境影响，致使工况复杂，运行控制时如何确定多个驱动装置的启动方式和时间间隔是控制技术的关键。采用普通带式输送机固定的顺序延时启动头中尾部的驱动装置已经不能满足要求。经过多年来的理论探索，结合不同形式的带式输送机的现场调试运行的经验，在多机顺序启动控制的基础上打破原有的张力波传输时间和速度理论，利用现有的检测技术，采用胶带弹性变形及张力在线检测控制反馈理论，适时启动多个驱动装置。因为两驱动装置间之间，胶带长度、起伏、弯曲状况、物料质量、环境温度和物料温度不一样，力的传播时间、胶带蠕动的响应时间是动态的、实时变化的。为了保证带式输送机能够平稳启动，必须满足在第一套驱动装置启动后的驱动力传递到第二套要启动的驱动装置并达到设定值时（此设定值通过动、静态分析计算获得），第二套驱动装置方可启动，以此类推。只有这样，才能较为准确地确定各驱动装置的启动时间点和时间间隔，有效地解决带式输送机在不同工况下的启动问题。采用这一先进的监测控制技术，从根本上解决了大运距带式输送机多机启动延时不合理和人为因素影响大等问题，使带式输送机启动更加合理、平稳，同时消除了启动打滑现象，解决了胶带张力难以控制的问题。

3.2.2　拉紧装置布置

带式输送机要安全可靠地启动、运行，必须保证胶带与滚筒之间不打滑，凹弧段不发生飘带等问题，这与拉紧装置的布置方式和位置、拉紧力大小有直接关系。如图3-3所示为带式输送机拉紧装置。

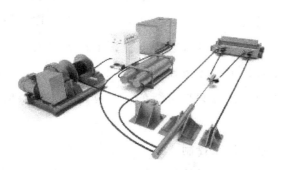

图 3-3　带式输送机拉紧装置

通过对大运距带式输送机各工况下的张力计算可知，拉紧力在满足一种工况时，可能不满足另一种工况，为此应综合各工况的不同因素，确保驱动功率、拉紧力、胶带受力强度等都满足设备运行要求。在不同工况下同一点的张力值，特别是凹弧段的张力值可能会变化很大，但对于拉紧装置处的拉紧力影响却很小，因此在设计中可以认为拉紧处胶带的张力不变。这样必须按各工况下拉紧装置所需的最大拉紧力进行设计计算，通过反算重新确定各工况下关键点的张力，才能确定在哪种工况的哪个位置产生最大张力，哪种工况产生最大运行阻力，从而最终确定带式输送机的驱动装置、拉紧装置、胶带张力、凹弧半径、转弯半径等关键配置，这也是大运距带式输送机设计的核心要点。

通过分析发现，带式输送机的凹弧、凸弧段，在启动、空载运行、逐渐加料、重载运行的情况下，角度变化和张力变化是比较大的，如图3-4 所示。

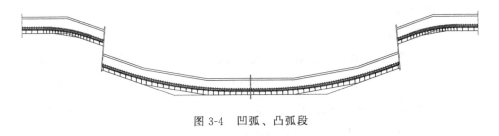

图 3-4　凹弧、凸弧段

3.3　输送系统的参数设计

3.3.1　弯曲段的设计

（1）转弯半径和凹凸弧半径

本输送系统的大运距弯曲带式输送机全程需要多处起伏和转弯，选取合理的转弯半径和凹凸弧半径，防止设备在各种工况下启动和运行时跑偏、飘带、撒料，也是本输送系统设计成功与否的重要因素。

带式输送机水平转弯半径、凹凸弧半径根据所处位置的胶带张力值确定，这与驱动装置、拉紧装置等有直接关系，需结合整体布置、驱动装置位置、拉紧装置位置等条件综合考虑。

如果在水平面转弯的范围内，同时需要纵面起伏形成凹弧，即形成凹弧转弯曲线，那么凹弧转弯曲线的平面转弯半径和凹弧半径的确定是相互影响的，需要同时考虑，避免顾此失彼。在凹弧段范围内，胶带对托辊的正压力减小，托辊与胶带间产生的摩擦力也相应减小，而胶带与托辊间的摩擦力是平面转弯半径和凹弧半径计算的主要参数，通过计算并结合现场的使用经验，比单一的曲线在相同的张力下需要更大的曲率半径，否则胶带在转弯处会出现跑偏、飘带等运行不稳定现象，甚至出现胶带移位，导致运行事故。

本输送系统地形复杂，需理论计算与现场调研相结合，借鉴已经运行的类似带式输送机的使用经验，确定合理的曲率半径，确保大运距曲线输送机的运行更加安全、可靠、平稳。

（2）曲线转弯段的结构设计

曲线转弯带式输送机是通过将转弯段的胶带内曲线加高，并将整个托辊组倾斜安装，使输送机在转弯段运行时由托辊对胶带产生向外的推力，平衡转弯时由胶带张力产生的向心力，确保胶带转弯时的正常运行。如图 3-5 所示为转弯段截面的托辊组示意图。

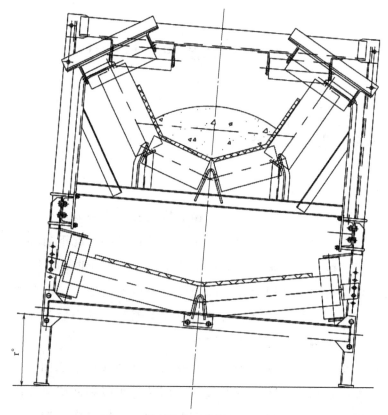

图 3-5 转弯段截面的托辊组示意图

另外，为保证起伏处和转弯处设备更加稳定运行，还可采取了以下措施：

①　在条件允许的情况下，进一步调整输送机线路，适当增大曲率半径，并尽可能地避开凹弧段转弯，提高输送机运行的可靠性和稳定性。

②　增大槽角。根据胶带张力大小和转弯半径的大小，转弯段托辊组可采用 45°槽形三托辊组或 60°深槽形四托辊组。

③　构成内曲线抬高角 γ。胶带在转弯处内侧所形成的曲线叫内曲线。内曲线的抬高可减小适当转弯半径。γ 值越大对设备在转弯段运行越有利，但 γ 值太大会使物料向外滚动，导致撒料，因此 γ 角不宜过大，一般小于 7°。

④　在两回程托辊之间的胶带侧面加挡辊，在上表面加压带托辊，尽量减小回程段所需的转弯半径。

⑤　使转弯处的托辊具有安装支撑角 φ。该支撑角是在转弯处使托辊的内侧端向胶带运行方向偏移而形成的，即托辊中心线与胶带转弯处弧段的法线所形成的夹角。φ 值越小对胶带运行产生的阻力越小，若 φ=0°时，托辊的转动将不能产生对胶带向外的推力，此时胶带将逐渐向内侧偏移，造成胶带跑偏，根据经验，一般 φ=0.5°。如图 3-6 所示为转弯段的现场图。

图 3-6　转弯段的现场图

3.3.2　胶带倾角与槽角

目前我们设计的带式输送机的最大上运倾角可达到 30°，局部 32°（目前属于国内倾角比较大的带式输送机），最大下运角度为 −25°，本输送机线路经过优化后，实际发生的最大上运倾角为 16°，最大下运倾角为 −10°。普通三托辊组槽角为 35° 和 45°，适用于倾角不大于 18° 的区段，倾角大于 18° 的区段，采用 55°～65° 的深槽托辊组。

为保证胶带平稳运行，可采取以下三个措施：

① 局部采用深槽托辊组，与普通 35° 托辊组相比，可以通过加大对物料的挤压程度，增大胶带与物料间的摩擦力，防止物料撒落或下滑；

② 采用有效的单向通过式挡料装置，防止物料滚落；

③ 采用可靠软启动、软制动技术，实现缓慢平稳启动、制动，软启动装置可采用变频启动器、液力耦合器、液体黏性软启动装置、磁力启动器、CST 装置等，制动采用可控盘式制动器，液压控制，制动力和制动时间均可根据需要调节。

3.3.3　跑偏防护

对大运距带式输送机来说，由于运行距离长、地形起伏多变，沿线条件复杂、安装误差和设备自身的影响等原因，在设备调试、运行中不可避免地存在胶带跑偏，跑偏严重时会造成设备运行故障，甚至发生事故，因此尽量避免大运距曲线带式输送机跑偏显得至关重要。对于本项目中的大运距曲线带式输送机的跑偏防护主要从以下几方面考虑。

① 尽量提高安装精度。以带式输送机的纵向中心线为安装基准线，各滚筒轴中心线的水平度不大于 0.5‰，各滚筒轴中心线对胶带机纵向中心线的垂直度应小于 2‰，高低差不大于 0.1mm，同一横截面内的中间架两端相对高差应小于 2‰，托辊上表面应位于同一倾斜面上，在相邻三组托辊之间其高低差不大于 2mm，托辊装配后应能用手灵活转动，托辊横向中心与输送机纵向中心线的重合度不应超过 3mm，托辊支架左

右两侧对应点的连接线与胶带机纵向中心线的垂直度不大于 2mm。

②　在承载托辊组和回程托辊组中设置调偏托辊组和无源自动纠偏装置。该装置无需电源，反应灵敏，具有自动检测、自动调整、自动校正功能，设备结构简单，性能可靠，安装方便。如图 3-7 所示为调偏托辊示意图。如图 3-8 所示为无缘自动纠偏装置。

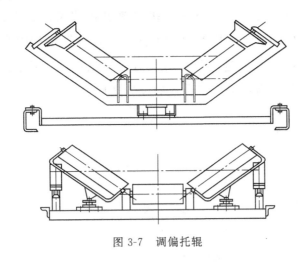

图 3-7　调偏托辊

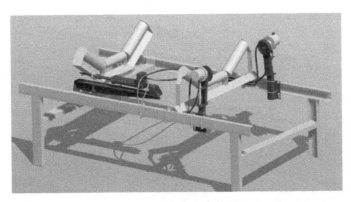

图 3-8　无缘自动纠偏装置

③　考虑地形复杂、基础不均匀沉降等因素，带式输送机的承载托辊组和回程托辊组均采用可调托辊组。在胶带跑偏处，通过调整托辊轴线与带式输送机纵向中心线的夹角（正常夹角为 90°），利用托辊转动对胶带产生横向的摩擦力，防止胶带跑偏。通过对设备的调试、运行情况看，这也是最简单有效防止胶带跑偏的方法。

3.4 本章小结

本章主要对大运距煤炭输送系统主要设备的关键技术进行了分析。根据皮带输送机的设计原则和设计方法，合理计算运行阻力。结合现场对驱动装置和拉紧装置进行了布置。对输送系统弯曲度段进行了设计，并对胶带的倾角和槽角进行了合理的设计选取。

第4章

煤炭定重装载系统连续改向装置

在现有的物料输送系统中，常用的物料改向装置，也称为分料器，为三通翻板分料器，在物料输送领域得到了广泛应用，特别是在输送量小、物料粒度小和需要经常改变物料流向的输送系统中应用非常广泛。现有的设备一般通过翻板将物料分流，翻板的控制是采用单液压缸控制，设备容易频繁出现跑偏、卡滞现象。

随着物料输送技术的发展，特别是在煤炭、矿山、冶金等行业领域，物料输送量越来越大（可达到 5000～10000t/h），物料粒度范围变化较大，给料连续性要求越来越高。特别是采用大型输送机给料，改变物料流向时，需先停止运行输送机，或停止物料的输送，否则会出现断轴、翻板变形等现象。这样会无形地增大设备频繁启动的故障率，降低工作效率。三通翻板分料器体积较小，现有的大型分料器体积较大，特别是长度尺寸较大，在已有的空间内不能安装现有的大型分料器。

因此，市场急需一种既能满足连续给料、输送量大、强度大、体积小、分料比例可调、物料流向调节方便等要求，又能够实现双液压缸同步控制的新型分料器。

4.1 煤炭定重装载系统连续改向装置结构设计

为了解决煤炭运输过程中定重装载系统连续改向装置存在的技术问题和不足，可设计一种适用于皮带机、料仓、配料机等多种给料方式，满足不同分料要求和物料粒度，调节方便，运行可靠的连续改向装置。

该连续改向装置原理图如图 4-1 所示，其分料原理是：通过改变移动分料小车的位置，改变物料移动方向，达到按比例分配物料或完全改变物料流动方向的目的。

如图 4-2 所示为连续改向装置主要结构图，该装置又称为双动力同步分料器，主要由固定的支撑装置和上部活动的运行机构、导料机构和控制机构组成。

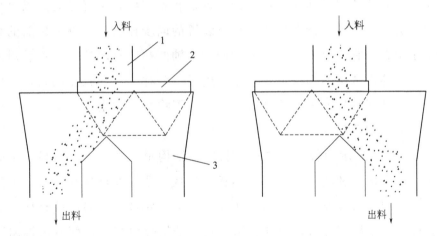

图 4-1　连续改向装置原理图
1—入料溜槽；2—移动分料小车；3—导料支撑装置

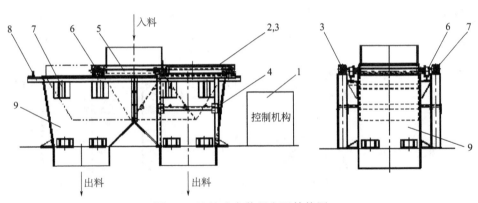

图 4-2　连续改向装置主要结构图
1—控制机构；2，3—分料小车液压缸Ⅰ、Ⅱ；4—支架；5—框架；
6—滚轮；7—三脚架；8—导轨；9—导料支撑装置

　　在该分料器中，导料支撑装置是由钢板和型钢拼接而成的框架结构，既支撑上部所有的设备，又可以对物料起导向作用。该装置中两出料口位置可根据具体情况确定，其固定方式可采用螺栓固定或直接焊接在相邻板梁上。

　　导料支撑装置上部为导料装置和行走装置。行走装置由分料小车液压缸Ⅰ和Ⅱ、支架、框架、滚轮等组成。液压缸固定在支架上，长度尺寸与设备本体保持一致，结构紧凑；液压缸与框架通过销轴连接，框架两端分别装有一根轴，并与导料装置焊接牢固。动作时，控制机构控制液压缸Ⅰ和Ⅱ的同时动作，从而带动行走装置和导料装置运动，以改变物料分流方向，实现行走装置和导料装置的同步控制，解决了目前的翻板由于单缸控制而出现跑偏卡滞的问题。轴两端装有滚轮，滚轮采用四个装有抗冲击轴承的刚性滚轮，能够适用于各种密度和粒度物料，特别是密度、硬度和粒度较大的矸石、油页岩等物料的冲击，解决了传统设备出现的断轴等问题。

如图 4-3 所示为行走装置和导料装置结构示意图。由导料板、耐磨衬板、加强角钢和其两侧的固定钢板等组成。导料板与其两侧的钢板直接焊接，耐磨衬板通过螺钉固定在导料板上，导料板下部焊接有加强角钢。此结构采用倒梯形，内部采用三角形结构分料装置，配有可拆耐磨衬板，结构稳定，抗冲击能力强，耐磨衬板便于拆装和更换。外部的分叉溜槽作为支撑装置。此结构既可以起到支撑作用，又可以对物料起导向作用。

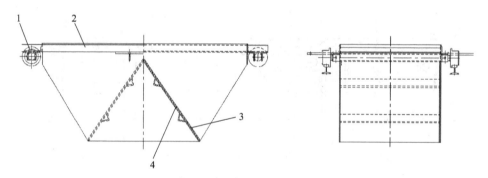

图 4-3　行走装置和导料装置结构示意图
1—滚轮；2—框架；3—导料板；4—耐磨衬板

4.2　连续改向装置液压控制系统

如图 4-4 所示为连续改向装置液压控制系统原理图，其控制机构由电磁换向阀、流量控制阀、节流阀、行程开关、液压泵、蓄能器、管路等组成。

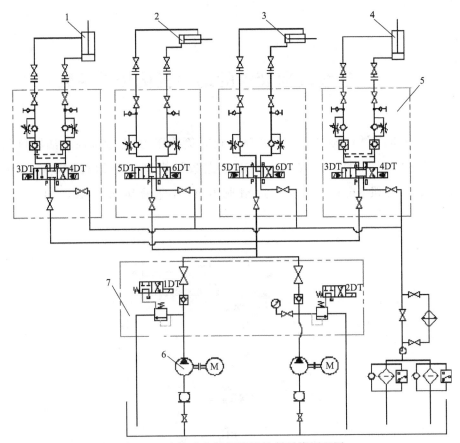

图 4-4　连续改向装置液压控制系统原理图
1，4—定量仓的液压缸；2，3—分料小车液压缸；
5—换向及保压机构；6—液压泵；7—调压机构

该液压控制系统的工作原理描述如下。液压泵为系统提供动力，经过换向及保压机构的调节，油液供应给定量仓的液压缸，待液压缸运动到指定位置时，液压缸的换向阀开始动作，经过三位四通电磁换向阀的调节，控制油液的流量，使两个油缸同时动作，带动行走装置的运动，改变物料的分流方向，液压缸运动到指定的位置后，换向阀断电，由于中位是 Y 形结构，可以实现由双向液压锁组成的锁紧功能，可以长时间保持液压缸内的压力不变。

通过采用双液压缸控制，使两个液压缸同步动作，有效地解决了以前采用单液压缸控制料斗，设备频繁出现跑偏卡滞的问题，同时可以实现液压缸的长时间保压。

4.3 连续改向装置的动力机构传递函数

在液压伺服系统中，人们大都从阀的负载压力-流量特性、油缸负载流量方程和油缸的力方程三方面来建立数学模型。对称阀控制非对称液压缸动力机构由零开口四边滑阀和单出杆液压缸组成，如图 4-5 所示。

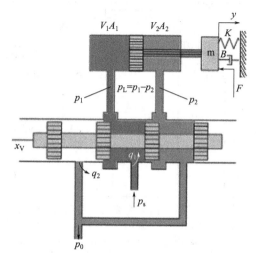

图 4-5 对称阀控制非对称液压缸动力机构

零开口理想四通阀控制非对称油缸，具有质量、阻尼和弹性三种负载。非对称液压缸加工、密封比较简单，制造成本也较低，尤其是长行程的油缸，如果采用对称缸的形式，由于要保证两侧伸出的活塞杆的同轴度，从而使得加工精度和成本大大提高。但是由于非对称油缸两个腔的有效工作面积不等，因而在正反方向运动时，系统所需的流量不等，各种运动参数也与对称缸时有很大的不同，正反方向时动、静态特性不一致，从而使系统存在严重的压力跃变，并使系统出现附加静差。

本书根据非对称缸动力机构的特点，对非对称缸的负载流量、负载压力作了比较准确的定义，并以此为基础，建立了两种情况下非对称缸正反两个方向上的输出位移和工作压力的数学模型，并对其特性进行分析。

在进行液压动力机构的研究时，假设：

① 阀为零开口四通滑阀（即阀无泄漏量），四个节流窗口匹配且对称；

② 节流窗口处的流动为紊流，液压缸内、外泄漏为层流流动，流体压缩性的影响在阀中可以忽略；

③ 阀具有理想的响应能力，即对应于阀芯位移和阀压降的变化相应的流量变化能瞬间发生；

④ 供油压力 p_s 恒定不变，回油压力 $p_0 = 0$；

⑤ 所有连接管道都短而粗，管道内的摩擦损失、流体质量影响和管道动态忽略不计；液压缸油温和体积弹性模量为常数。

4.3.1　负载压力和负载流量

在阀控非对称液压缸中，根据活塞的受力分析，以活塞杆的伸出运动为例，可得：

$$p_1 A_1 - p_2 A_2 = F \tag{4-1}$$

式中　F——活塞杆伸出的外负载，N；

p_1——液压缸无杆腔的油液压力，Pa；

p_2——液压缸有杆腔的油液压力，Pa；

A_1——液压缸无杆腔的有效工作面积，m^2；

A_2——液压缸有杆腔的有效工作面积，m^2。

有 $A_1 > A_2$，所以在定义负载压力时应考虑到油缸两腔的工作面积的不等，因此定义负载压力为

$$p_L = \frac{F}{A_1} = \frac{p_1 A_1 - p_2 A_2}{A_1} = p_1 - n p_2 \tag{4-2}$$

同理，在活塞反向运动时，负载压力为

$$p_L = \frac{F}{A_2} = \frac{p_2 A_2 - p_1 A_1}{A_2} = p_2 - \frac{1}{n} p_1 \tag{4-3}$$

式中　p_L——液压动力机构的驱动压力，Pa；

n——液压缸有杆腔面积 A_2 和无杆腔面积 A_1 之比，$n = \dfrac{A_2}{A_1}$。

在分析阀控缸系统时，为了弥补以对称缸系统的负载流量来定义非对称缸系统带来的不足，将负载流量定义为

$$q_L = \frac{q_{L1} + q_{L2}}{2} \qquad (4\text{-}4)$$

式中 $q_{L1} = q_1 - q_4$；$q_{L2} = q_3 - q_2$。

但是这样的定义也只适应于对称缸系统，因为在对称缸系统中，阀的负载流量 $q_L = q_{L1} = q_{L2}$，但对于非对称缸系统而言，因为 $q_{L1} \neq q_{L2}$，阀的负载流量采用式（4-4）也是不合适的。考虑到非对称缸系统的正反向工作时，进出伺服阀或液压缸的流量不同，所以对具有非对称液压缸的系统，伺服阀的负载流量可定义为：

当 $x_v > 0$ 时，即活塞伸出时，$q_{L1} = q_1 - q_4$；

当 $x_v < 0$ 时，即活塞缩回时，$q_{L2} = q_3 - q_2$。

其中，x_v 为伺服阀的阀芯位移。

因为已在前面假设所分析的阀为理想零开口阀，故不考虑阀口间的泄漏，所以活塞杆伸出时 $q_4 = 0$；同理，活塞缩回时 $q_2 = 0$。

当 $x_v > 0$ 时

$$p_L = p_1 - np_2$$
$$q_L = q_1 - q_4 = q_1 \qquad (4\text{-}5)$$

当 $x_v < 0$ 时

$$p_L = p_2 - \frac{1}{n}p_1$$
$$q_L = q_3 - q_2 = q_3 \qquad (4\text{-}6)$$

因此本书的阀控非对称液压缸的负载压力和负载流量应按式（4-5）和式（4-6）来定义。

4.3.2 传递函数的推导

由于非对称液压缸两个腔的有效工作面积不等，而流量方程与活塞速度的方向 y 有关，应分别讨论。本书以液压缸活塞杆伸出运动、缩回

运动两种情况分别进行分析。

（1）活塞杆伸出运动（即正向运动 $\dot{y} > 0$）

活塞杆伸出时阀芯必然右移，即 $x_v > 0$，根据上文的假设①和④，阀的线性化流量方程为：

$$q_1 = C_d \omega x_v \sqrt{\frac{2}{\rho}(p_s - p_1)} \approx A_1 \frac{\mathrm{d}y}{\mathrm{d}t}$$

$$q_2 = C_d \omega x_v \sqrt{\frac{2}{\rho}p_2} \approx A_2 \frac{\mathrm{d}y}{\mathrm{d}t} \tag{4-7}$$

式中　q_1——无杆腔的流量，$\mathrm{m^3/s}$；

　　　q_2——有杆腔的流量，$\mathrm{m^3/s}$；

　　　C_d——流量系数；

　　　ω——伺服阀窗口的面积梯度，m；

　　　ρ——液体的密度，$\mathrm{kg/m^3}$；

　　　p_s——油源压力，Pa。

根据上文的假设②和⑤，由流量连续性方程，可知油缸两个腔的流量方程为：

$$q_1 = C_{ic}(p_1 - p_2) + C_{ec}p_1 + \frac{V_1}{\beta_e} \times \frac{\mathrm{d}p_1}{\mathrm{d}t} + \frac{\mathrm{d}V_1}{\mathrm{d}t}$$

$$q_2 = C_{ic}(p_1 - p_2) - C_{ec}p_2 - \frac{V_2}{\beta_e} \times \frac{\mathrm{d}p_2}{\mathrm{d}t} - \frac{\mathrm{d}V_2}{\mathrm{d}t} \tag{4-8}$$

式中　β_e——等效弹性模量（包括液体、混入油中的空气以及工作腔体的机械柔度），$\mathrm{N/m^2}$；

　　　C_{ic}——油缸的内泄漏系数，$\mathrm{m^3/(N \cdot s)}$；

　　　C_{ec}——油缸的外泄漏系数，$\mathrm{m^3/(N \cdot s)}$。

由式（4-7）可得：

$$\frac{q_2}{q_1} = \sqrt{\frac{p_2}{p_s - p_1}} = \frac{A_2}{A_1} = n < 1 \tag{4-9}$$

式（4-5）和式（4-8）联立可得：

$$p_1 = \frac{n^2(p_s + p_L)}{1 + n^3}$$

$$p_2 = \frac{n^2(p_s - p_L)}{1 + n^3} \tag{4-10}$$

将式 (4-10) 代入式 (4-7) 和式 (4-8) 中，可得负载流量方程为：

$$q_L = q_1 = C_{ic}(p_1 - p_2) + C_{ec}p_1 + \frac{V_1}{\beta_e} \times \frac{dp_1}{dt} + \frac{dV_1}{dt}$$

$$= C_{ie}p_L - C_{ta}p_s + \frac{V_t}{4\beta_e} \times \frac{dp_L}{dt} + A_1\frac{dy}{dt} \tag{4-11}$$

式中　C_{ie}——等效漏损系数，$C_{ie} = [(1+n^2)/(1+n^3)]C_{ic}$；

　　　C_{ta}——附加漏损系数，$C_{ie} = [n^2(1-n)/(1+n^3)]C_{ic}$；

　　　V_t——等效容积，$V_t = 4V_1/(1+n^3) = 2LA_1/(1+n^3)$，$V_1 = LA_1/2$，（取平均值），$L$ 为液压缸总行程。

液压缸活塞的受力方程为：

$$F = p_1A_1 - p_2A_2 = A_1p_L = M\frac{d^2y}{dt^2} + B\frac{dy}{dt} + Ky + F_L \tag{4-12}$$

式中　F——液压缸产生的驱动力，N；

　　　M——活塞及负载的总质量，kg；

　　　B——活塞及负载的粘性阻尼系数，N·s/m；

　　　K——负载的弹簧刚度，m/s；

　　　F_L——作用在活塞上的任意外负载，N。

将式 (4-11) 进行线性化处理后得：

$$q_L = k_qx_v - k_cp_L \tag{4-13}$$

式中　k_q——滑阀的流量增益，m^2/s，且 $k_q = C_d\omega\sqrt{[(2/\rho)(p_s - p_L)]/(1+n^3)}$；

　　　k_c——滑阀的流量-压力系数，$m^5/(N·s)$，且 $k_c = C_d\omega x_v/\sqrt{(2\rho)(p_s - p_L)(1+n^3)}$。

式 (4-11)、式 (4-12) 和式 (4-13) 为阀控液压缸系统的三个基本方程，这三个方程确定了阀控缸系统的动态特性。对以上三个公式进行拉氏变换，得：

$$q_L = C_{ie}p_L - C_{ta}p_s + \frac{V_t}{4\beta_e}sp_L + A_1sy \tag{4-14}$$

$$f = A_1p_L = Ms^2y + Bsy + ky + F_L \tag{4-15}$$

$$q_L = k_qx_v - k_cp_L \tag{4-16}$$

由这三个基本方程可得到阀控非对称液压缸系统的方块图，如图 4-6 所示。图 4-7 和图 4-8 分别是该系统对应的输出位移方块图和输出压力方块图。从负载流量获得的方块图适合于负载惯量较小、动态过程较快的场合；而从负载压力获得的方块图特别适合于负载惯量和泄漏系数都较大、动态过程比较缓和的场合。

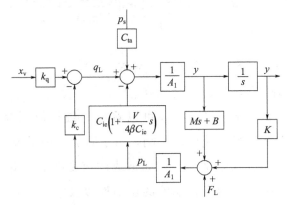

图 4-6　阀控非对称液压缸系统的方块图

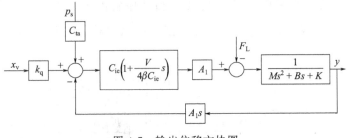

图 4-7　输出位移方块图

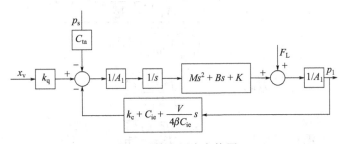

图 4-8　输出压力方块图

由式（4-14）、式（4-15）和式（4-16）消去中间变量 q_L 和 p_L，或通过方块图变换，都可以求得阀芯输入位移 x_v 和外负载 F_L 同时作用于液压缸活塞时的总输出位移：

$$Y(s)=\dfrac{\dfrac{K_q}{A_1}x_v+\dfrac{q_{ta}}{A_1}-\left[K_{ce}+\dfrac{V_t}{4\beta_e}s\right]\dfrac{F_L}{A_1^2}}{\dfrac{V_tM}{4\beta_eA_1^2}s^3+\left(\dfrac{V_tB}{4\beta_eA_1^2}+\dfrac{K_{ce}M}{A_1^2}\right)s^2+\left(\dfrac{VK_t}{4\beta_eA_1^2}+\dfrac{K_{ce}B}{A_1^2}+1\right)s+\dfrac{KK_{ce}}{A_1^2}}$$

$$(4\text{-}17)$$

式中　K_{ce}——总流量压力系数，$K_{ce}=K_c+C_{ie}$；

　　　q_{ta}——附加漏损流量，$q_{ta}=C_{ta}P_s$。

　　式（4-17）中，分子的第一项可以看成是液压缸活塞的空载速度，第二项是附加泄漏流量对速度的影响，由于附加漏损系数 q_{ta} 很小，这项因素可以忽略，第三项则是因负载而造成的速度降低。此公式综合考虑了负载的质量、阻尼、弹簧、油液的压缩性以及液压缸的泄漏等各种因素，是一个通用的形式。而阀控缸系统中往往没有弹性负载，或者弹性负载很小，可以忽略，即可认为 $K=0$；另外公式中的参数，K_{ce}/A_1^2，称为阻尼系数，它是由阀的节流效应和液压缸的泄漏产生的，其值一般比 B 大得多。因此，$K_{ce}B/A_1^2$ 与 1 相比可以忽略。这样式（4-17）可以简化为：

$$Y(s)=\dfrac{\dfrac{K_q}{A_1}x_v+\dfrac{q_{ta}}{A_1}-\dfrac{K_{ce}}{A_1^2}\left(1+\dfrac{V_t}{4\beta_e}s\right)F_L(s)}{s\left[\dfrac{V_tM}{4\beta_eA_1^2}s^2+\left(\dfrac{V_tB}{4\beta_eA_1^2}+\dfrac{K_{ce}M}{A_1^2}\right)s+1\right]}$$

$$=\dfrac{\dfrac{K_q}{A_1}x_v+\dfrac{q_{ta}}{A_1}-\dfrac{K_{ce}}{A_1^2}\left(1+\dfrac{V_t}{4\beta_e}s\right)F_L(s)}{s\left(\dfrac{s^2}{\omega_h^2}+\dfrac{2\xi_h}{\omega_h}s+1\right)} \qquad (4\text{-}18)$$

式中　ω_h——液压固有频率，$\omega_h=\sqrt{\dfrac{4\beta_eA_1^2}{V_tM}}$；

　　　ξ_h——液压阻尼比，$\xi_h=\dfrac{K_{ce}}{A_1}\sqrt{\dfrac{\beta_eM}{V_t}}+\dfrac{B}{4A_1}\sqrt{\dfrac{V_t}{\beta_eM}}$。

则输出量 $Y(s)$ 关于给定输入 $x_v(s)$ 的传递函数为：

$$\dfrac{Y(s)}{x_v(s)}=\dfrac{\dfrac{K_q}{A_1}}{s\left(\dfrac{s^2}{\omega_h^2}+\dfrac{2\xi_h}{\omega_h}s+1\right)} \qquad (4\text{-}19)$$

对于干扰负载输入的传递函数为：

$$\frac{Y(s)}{F_{L}(s)}=\frac{-\dfrac{K_{ce}}{A_{1}^{2}}\left(1+\dfrac{V_{t}}{4\beta_{e}K_{ce}}s\right)}{s\left(\dfrac{s^{2}}{\omega_{h}^{2}}+\dfrac{2\xi_{h}}{\omega_{h}}s+1\right)} \tag{4-20}$$

（2）活塞杆缩回运动（即负向运动 $\dot{y}<0$）

负载压力和负载流量为式（4-6）。

活塞杆缩回时伺服阀阀芯左移，即 $x_{v}<0$，伺服阀的流量方程为：

$$q_{1}=C_{d}\omega x_{v}\sqrt{\frac{2p_{1}}{\rho}}\approx A_{1}\frac{\mathrm{d}y}{\mathrm{d}t}$$
$$q_{2}=C_{d}\omega x_{v}\sqrt{\frac{2(p_{s}-p_{2})}{\rho}}\approx A_{2}\frac{\mathrm{d}y}{\mathrm{d}t} \tag{4-21}$$

同理，根据活塞杆伸出时的推导方法，可得：

$$p_{1}=\frac{n(p_{s}-p_{L})}{1+n^{3}}$$
$$p_{2}=\frac{p_{s}+n^{3}p_{L}}{1+n^{3}} \tag{4-22}$$

$$Y(s)=\frac{\dfrac{K_{q}'}{A_{2}}x_{v}+\dfrac{q_{ta}'}{A_{2}}-\dfrac{K_{ce}'}{A_{2}^{2}}\left(1+\dfrac{V_{t}}{4\beta_{e}}s\right)F_{L}(s)}{s\left(\dfrac{s^{2}}{\omega_{h}^{2}}+\dfrac{2\xi_{h}}{\omega_{h}}s+1\right)} \tag{4-23}$$

则输出量 $Y(s)$ 关于给定输入 $x_{v}(s)$ 的传递函数为：

$$\frac{Y(s)}{x_{v}(s)}=\frac{\dfrac{K_{q}'}{A_{2}}}{s\left(\dfrac{s^{2}}{\omega_{h}^{2}}+\dfrac{2\xi_{h}}{\omega_{h}}s+1\right)} \tag{4-24}$$

对于干扰负载输入的传递函数为：

$$\frac{Y(s)}{F_{L}(s)}=\frac{-\dfrac{K_{ce}'}{A_{2}^{2}}\left(1+\dfrac{V_{t}}{4\beta_{e}K_{ce}'}s\right)}{s\left(\dfrac{s^{2}}{\omega_{h}^{2}}+\dfrac{2\xi_{h}}{\omega_{h}}s+1\right)} \tag{4-25}$$

式中　K_{ce}'——总流量压力系数，$K_{ce}'=K_{c}'+C_{ie}'$；

　　　q_{ta}'——附加漏损流量，$q_{ta}'=C_{ta}'P_{s}$；

K'_q——流量增益，$K'_q = C_d \omega \sqrt{\dfrac{2n^3/\rho\ (p_s - p_L)}{1+n^3}}$；

K'_c——流量-压力系数，$K'_c = \dfrac{C_d \omega x_v}{\sqrt{2\rho\ (np_s - p_L)\ (1+n^3)}}$；

C'_{ie}——等效漏损系数，$C'_{ie} = \dfrac{n\ (1+n^2)\ C_{ic} + n^3 C_d}{1+n^3}$；

C'_{ta}——附加漏损系数，$C'_{ta} = \dfrac{(1-n)\ C_{ic} + C_{ec}}{1+n^3}$；

V'_t——等效容积，$V'_t = 4n^3 V_2/(1+n^3) = 2n^3 LA_2/(1+n^3)$，其中 V_2 为有杆腔容积，$V_2 = LA_2/2$，L 为液压缸总行程。

4.4　阀控双缸同步系统传递函数计算

4.4.1　伺服阀传递函数的确定

在大多数伺服系统中，伺服阀的动态响应往往高于动力元件的动态响应。为了简化系统的动态特性分析与设计，伺服阀的传递函数可用二阶振荡环节表示。当伺服阀二阶环节的固有频率高于动力元件的固有频率时，伺服阀的传递函数可以用一阶惯性环节表示。当伺服阀的固有频率远大于动力元件的固有频率时，伺服阀可看成比例环节。通常伺服阀系统的固有频率在 10Hz 附近，伺服阀的响应时间小于 10ms，所以伺服阀的传递函数可以简化为比例环节：

$$\frac{x_v}{I} = K_{sv} \qquad\qquad (4\text{-}26)$$

4.4.2　伺服放大器及位移传感器的传递函数

伺服放大器（伺服阀驱动电路）为高输出阻抗的电压-电流转换器，

频带比液压固有频率高得多，可将其简化为比例环节，即：

$$\frac{I}{U} = K_a \qquad (4\text{-}27)$$

在系统应用范围内，位移传感器也可用比例环节表示，即：

$$\frac{U}{Y} = K_f \qquad (4\text{-}28)$$

4.4.3　系统传递函数的计算

根据前面的推导，由式（4-19）～式（4-22）和式（4-28）可以得到单个阀控液压缸控制系统的模型结构框图，如图 4-9 所示。

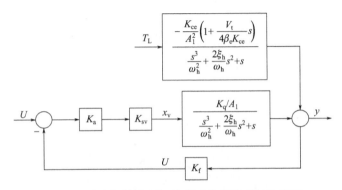

图 4-9　单个阀控液压缸控制系统的模型结构框图

取阀控两缸系统的模拟参数如表 4-1 所示。

表 4-1　阀控两缸系统的模拟参数

参数名称	参数值	参数名称	参数值
液压缸无杆腔面积	$3.12 \times 10^{-3}\,\mathrm{m^2}$	油液的有效体积弹性模量	70MPa
液压缸有杆腔面积	$2.15 \times 10^{-3}\,\mathrm{m^2}$	油液密度	$880\mathrm{kg/m^3}$
液压缸 1 总容积	$2.37 \times 10^{-3}\,\mathrm{m^3}$	流量系数	0.61
液压缸 2 总容积	$1.76 \times 10^{-3}\,\mathrm{m^3}$	供油压力	4.5MPa
系统内泄漏系数	$5 \times 10^{-13}\,\mathrm{m^3/N \cdot s}$	负载质量	1200kg
系统外泄漏系数	0	活塞及负载的粘性阻尼系数	$630\mathrm{N \cdot s/m}$
伺服阀总的流量压力系数	$6.75 \times 10^{-12}\,\mathrm{m^3/N \cdot s}$	等效漏损系数	$5.55 \times 10^{-12}\,\mathrm{m^3/N \cdot s}$

根据以上参数计算得阀控缸 1 的固有频率 $\omega_1 = 98\text{rad/s}$ 及阀控缸 2 的固有频率 $\omega_2 = 110\text{rad/s}$；液压阻尼分别为 $\xi_1 = 0.042$ 和 $\xi_2 = 0.042$。

由式（4-28）可得两个液压缸位移 Y 对伺服阀输入电信号 U 的传递函数分别为

液压缸 1：$\dfrac{Y}{U} = \dfrac{1.7 \times 10^6}{s^3 + 11.5s^2 + 9500s}$

液压缸 2：$\dfrac{Y}{U} = \dfrac{2.1 \times 10^6}{s^3 + 11.4s^2 + 12113s}$

第 5 章

大运距煤炭输送系统智能控制

近年，随着科学技术的进步，煤矿井下带式输送机运输系统开始逐渐朝着智能化、高效化的方向发展。智能控制下的煤矿井下带式输送机在很大程度上为煤矿井下安全生产提供了便利，并为煤矿高效生产发挥着积极的推动作用。煤矿井下煤炭采用带式输送机连续运输方式，易于实现生产自动化管理和集中控制，可以充分发挥设备效能。井下带式输送机监控系统可保证带式输送机运输适应生产集中、开采强度大、运量高的要求，且适应产量波动变化，更有利于保证矿井高产、稳产。

在煤矿井下作业过程中，采用智能控制的带式输送机系统可以实现对输送机运行时的智能控制，能够对输送带运行速度起到一定的调控作用，提升煤矿企业井下作业的施工作业效率，同时还能够大大减轻施工过程中对设备的磨损，延长设备的使用时间，提高输送机的使用寿命。同时，采用智能控制的带式输送机能够对井下作业情况进行实时安全监控，对设备的运行情况提供及时的信息，给安全生产提供强有力的保障，大大减少安全事故的发生率，是煤炭井下作业中不可或缺的现代化智能控制系统，因此智能化带式输送系统将会在矿业工程领域内得到广泛的应用及推广。

5.1　液压同步控制技术及其应用

随着航天航空技术和现代机械加工业技术等的发展，金属加工设备、冶金机械、工程机械及航天与航空驱动装置等对高精度的同步驱动技术的需要愈加迫切。其中，液压同步驱动占据了非常重要的地位。这是因为同其它同步驱动方式相比，液压同步驱动具有结构简单、组成方便、易于控制和适宜大功率场合的特点。同步控制也一直是液压行业的一个重要课题，由于液压系统泄漏、执行元件等存在非线性摩擦阻力、控制元件间的性能差异、负载和系统各组成部分的制造差异等因素的影响，使得液压同步的高精度问题还未完全得到真正解决。

同步回路的功能是保证液压系统中两个以上执行元件以相同的位移或速度（或一定的速比）运动。为了获得同步控制的高精度，通常液压缸是用传统的伺服阀控制的，而由于一般的伺服阀存在一定的死区，流量增益值会随着阀口压差的变化而变化，使得阀控液压缸同步控制系统具有非线性、时变的特点。国内外学者针对这些特征，提出了有实用价值的静、动态补偿方法和现代控制策略。

从理论上讲，只要保证多个执行元件的结构尺寸相同、输入油液的流量相同就可使执行元件保持同步动作，但由于泄漏、摩擦阻力、外负载、制造精度、结构弹性变形及油液中的空气含量等因素，很难保证多个执行元件的同步。因此，在同步回路的设计、制造和安装过程中，要尽量避免这些因素的影响，必要时可采取一些补偿措施。如果想获得高精度的同步回路，则需要采用闭环控制系统才能实现。

5.1.1 常用的液压同步回路

（1）容积式同步运动回路

这种同步回路一般是利用相同规格的液压泵和执行元件，使用机械方式连接等方法实现同步动作。如图 5-1 所示是一种采用同步液压缸的

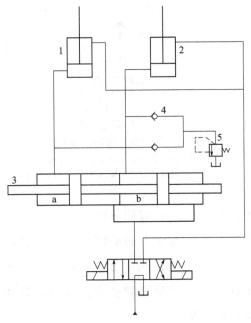

图 5-1 采用同步液压缸的同步回路

1，2—液压缸；3—二位四通换向阀；4—单向阀；5—安全阀

同步回路。图中单向阀的作用是当任意一个液压缸首先运动至终点时，使其进油腔中多余的液压油经安全阀返回油箱中。还有采用同步马达的同步回路，两个同轴连接的相同规格的马达将等量油液提供给两个液压缸，此时需要补油系统来修正同步误差。

（2）节流式同步运动回路

如图 5-2 所示是采用分流阀的同步回路。分流阀能保证进入两个液压缸等量的液压油以保证两缸的同步运动，若任意一个液压缸首先到达终点时，则可经过阀内节流口的调节，使油液进入另一个液压缸内，使其到达终点，以消除积累误差。

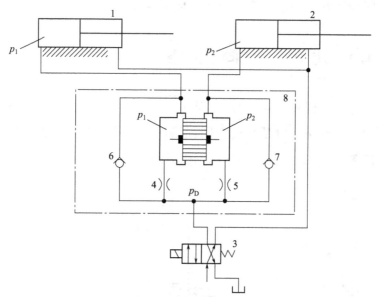

图 5-2　采用分流阀的同步回路
1，2—液压缸；3—二位四通换向阀；
4，5—节流口；6，7—单向阀；8—分流阀

（3）采用电液比例阀的同步运动回路

如图 5-3 所示为采用电液比例阀的同步运动回路，回路中调节流量的是普通调速阀和电液比例调速阀，分别控制两个液压缸的运动。当两个液压缸出现位置误差后，检测装置会发出信号，自动调节比例阀的开度，以保证两个液压缸的同步。

如果想获得更高的同步精度，需采用电液伺服阀。

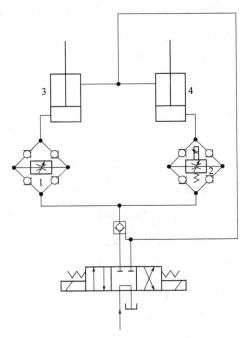

图 5-3 采用电液比例阀的同步回路
1—普通调速阀；2—电液比例调速阀；3, 4—液压缸

5.1.2 液压同步控制方式与比较

液压同步控制的实现形式很多，根据系统输出量是否进行反馈、其实现的任务、液压执行元件的类型等不同，可以对它进行系统的分类。按系统输出量是否进行反馈，液压同步控制系统可以分为开环液压同步控制系统和闭环液压同步控制系统；按实现的任务不同，可以分为力液压同步控制系统、速度液压同步控制系统和位置液压同步控制系统；按液压执行元件的类型不同可以分为液压缸同步控制系统和液压马达同步控制系统；按液压执行元件的安装形式与运动方向不同可以分为卧式液压同步控制系统和立式液压同步控制系统；按液压缸的形式不同可以分为双作用液压缸同步控制系统和单作用液压缸（非对称液压缸）同步控制系统；按液压执行元件的数量可以分为双执行机构液压同步控制系统和多执行机构液压同步控制系统；按液压控制元件的不同可以分为机械伺服（比例）阀控制液压同步控制系统、电液伺服（比例）阀控制液压

同步控制系统、数字阀控制液压同步控制系统、伺服（比例）变量泵液压同步控制系统；按液压控制方式不同可分为流量控制液压同步控制系统、容积控制液压同步控制系统、伺服（比例）控制液压同步控制系统。

（1）开环液压同步控制系统和闭环液压同步控制系统两种形式的比较

采用开环控制的液压同步控制系统，因为它完全靠液压控制元件（如同步阀、各类节流阀或调速阀）本身的精度来控制执行元件的同步驱动，而不对执行元件的输出进行检测与反馈来构成闭环控制，所以它不能消除或抑制对高精度同步不利因素的影响。这也就大大限制了该种控制形式的实际应用范围。但是开环同步控制系统结构简单，成本低，所以常用在对同步精度要求不高的场合。与此相比，尽管液压同步闭环控制组成较复杂、造价偏高，但由于它靠的是对输出量进行检测、反馈，从而构成反馈闭环控制，在很大程度上消除或抑制不利因素的影响，而可望获得高精度的同步驱动。所以液压同步闭环控制已经越来越得到人们的重视，特别是随着现代控制理论、智能控制方法及计算机控制技术的发展，该种控制形式几乎在所有需要高精度的液压同步控制的各类主机上得到了较好的应用。

对于液压闭环同步控制来说，"同等方式"和"主从方式"是通常采用的两种控制策略。"同等方式"是指多个需同步控制的执行元件跟踪设定的理想输出，分别受到控制而达到同步驱动的目的。"主从方式"是指多个需同步控制的执行元件以其中一个的输出为理想输出，而其余的执行元件均受到控制来跟踪这一选定的理想输出，并达到同步驱动。两者相比，为获得高精度的同步输出，按"同等方式"工作的液压同步闭环控制系统中的各执行元件、反馈、检测元件及控制元件间应具有严格的匹配关系。

（2）不同控制元件组成的同步闭环控制的比较

① 与其它控制阀相比，电液伺服阀是一种高精度、高频率的电液控制元件。由它组成的液压同步闭环控制系统不仅具有较快的响应速度，而且同步控制精度高。然而，因为该种阀结构复杂、造价高且抗污染能

力差,所以由电液伺服阀组成的液压同步闭环控制一般适用于高同步精度要求的各类主机。

② 电液比例阀是一种新型的电液控制元件,虽然它比电液伺服阀的频率响应低,但因其造价较低、抗污染能力高、性能良好,所以由它组成的同步闭环控制已大量用于系统频率响应适中且需要较高同步精度的主机上。

③ 数字控制阀是八十年代初期才逐渐发展起来的另一种机电液一体化控制元件。它的最大特点就是能适应计算机控制的需要,直接用数字量来实现控制,而省去了一般计算机控制系统中所必备的 D/A 转换器。另外该阀也具有较高的抗污染能力。因此,由它组成的液压同步闭环控制系统控制方便、可靠性高、重复精度高、结构简单,且易于实现计算机直接控制。

④ 与上述三种形式相比,由机液伺服阀等组成的同步闭环控制的一个明显特点就是它采用机械反馈检测形式闭环控制。因其组成简单、造价较低,一般适用于控制精度不高、系统频率响应不高的同步驱动主机。

(3) 非对称液压缸和对称液压缸两种形式的比较

非对称液压缸(单作用液压缸)是单杆输出的液压缸,其主要特点就是进油腔和回油腔承压面积不相等。它的主要优点是构造简单、制造容易、单边滑动密封的效率及可靠性高、工作空间小,尤其是长行程的伺服油缸,如果采用对称油缸形式,由于要保证两侧伸出的活塞杆的同轴度,从而使得加工精度和成本都大大提高。对称液压缸(双作用液压缸)是双杆双向输出的液压缸,其进油腔和回油腔承压面积相等,但其构造较复杂,滑动摩擦阻力较大,需要的运行空间也大。因此,非对称油缸的液压同步闭环控制在正反向运动时,系统所需的流量不等,各种运动参数也与对称缸时有很大的不同,正反向时动、静特性不一致,从而使系统存在严重的压力跃变,并使系统出现附加静差。相反,对称液压缸的液压同步闭环控制就不存在这一同步控制性能上的差异。

(4) 卧式液压同步控制系统和立式液压同步控制系统两种形式的比较

由于卧式液压缸同步闭环控制中的液压缸水平安装且活塞或缸筒水

平方向运动，所以不存在重力负载的作用，也不会造成两个运动方向上的动力学性能的不一致而使同步控制精度发生变化。相比之下，立式液压缸同步闭环控制就存在液压缸竖直安装导致的重力负载的作用，且会引起油缸在两个运动方向上的动态性能不一致，给正反两个运动方向的高精度同步控制带来困难。这种重力负载的"干扰"现象，对大负荷的同步提升或下降是尤为严重的。

5.1.3　液压同步控制策略及发展

控制理论经历了从经典控制、现代控制发展到智能控制，直接影响着流体控制的发展方向。从 PID 控制、自适应控制到各种智能控制在流体控制领域均得到了广泛研究和应用。

20 世纪 50 年代前后发展起来的经典控制理论目前已相当成熟，与之相应的控制策略以 PID 控制和优化控制为代表。经典控制理论主要用于解决单变量系统的反馈控制问题，对于频宽不太高（50Hz 以下）、参数变化和外干扰不太大的系统，采用经典方法已能满足工程需要，但对被控对象变化较大以及非线性、时变、参数不确定的较复杂系统则显得无能为力。

20 世纪 60 年代末发展起来的现代控制理论以自适应控制为代表，主要用来解决多变量系统的优化控制问题。现代控制理论的出现，改变了控制系统只能在事先确定的参数状态下工作的局限性。但由于具有在线计算工作量大和需要知道数学模型等缺点，现代控制理论使用得并不广泛。

20 世纪 70 年代以来，鲁棒控制理论和智能控制理论的丰富以及在工业控制中获得的成功，极大地鼓舞和激发了人们将这些新理论成果运用于各类工业，对于液压同步闭环控制的应用也不例外，为了更好地解决高精度驱动问题，采用自适应控制理论和智能控制理论来设计控制策略和各式各样的控制器，如 PI 控制与 PID 优化调解器、模型跟随自适应（AMFC）控制器、参考模型自适应（MRAC）控制器、自适应学习器、模糊学习控制器和基于逆转传递函数矩阵辨识的控制器等。这些新理论的采用及新型控制器的实际应用，使得液压同步闭环控制的性能有了很大程度的改善与提高，有的已取得了明显的工业应用效果。应用近代控制理论对控制策略提出的要求为：

① 应尽量满足系统的静态、动态精度的要求，严格优化设计使系统快速而无超调；

② 对时变、外负载干扰和交联耦合以及非线性因素引起的不定性，控制系统应呈现较强的鲁棒性；

③ 控制策略应具有较强的智能性；

④ 控制律控制算法应力求简单可行，实时性强；

⑤ 系统应有较高的效率。

开展这方面的研究，寻求工程实用的设计，对推广近代液压控制在液压同步控制系统中的应用将有重要的意义。

目前，神经网络和模糊控制相关的同步控制算法发展迅速。神经网络具有快速逼近非线性多输入多输出复杂系统模型的机理，达到对参数随环境及工况变化的系统进行控制的目的；而相关学习算法具有极强的抗干扰能力，可以从随机干扰、噪声信号中提取出被测参数，使系统具备环境适应能力。模糊控制完全是在操作人员控制经验基础上实现对系统的控制，无需建立数学模型，是解决不确定性系统的一种有效途径；模糊控制具有较强的鲁棒性，被控对象参数的变化对模糊控制的影响不明显，可用于非线性、时变、时滞系统的控制；模糊控制由离线计算得到控制查询表，提高了控制系统的实时性，其控制机理符合人们对过程控制作用的直观描述和逻辑思维。

5.1.4　液压同步控制的实际应用

目前，液压同步闭环控制在包括航天航空设备、各类金属压力加工与冶金设备和工程机械等在内的很多机械与设备上得到了广泛使用。

液压折板机是一种通用的金属板料折弯机械。它的用途就是能在常温下利用简单模具将板料弯成各种型材或构件。这一机械已大量用在汽车、船舶、飞机及家电制造业。为保证板料折弯成形的质量，其关键就在于控制推动活动横梁运动，布置于横梁两端的两个液压缸的同步驱动。为此，对于精度要求不高的小型液压折板机，一般均采用由机液伺服阀等组成的机械反馈式同步闭环控制；而对于中型液压折板机或同步精度要求较高的小型液压折板机，以采用由电液伺服阀、比例控制阀或数字控制阀组成的电反馈式同步闭环控制为宜；对于大型液压折板机，则多使用由电控变量泵等组成的同步闭环控制。根据上述原则对液压折板机实行同步驱动，均获得了较好的效果。

同步加载与激振是液压同步闭环控制应用的又一个方面，它属于液压力同步控制。现在，液压力同步控制技术正大量应用于大型结构件的加载装置、各种激振模拟台（如汽车试验振动台、地震信号模拟台等）的控制。前期研究中有的采用了 AMFC 控制策略对一台由电液伺服阀等组成的同步闭环控制的卧式拉伸试验机成功地进行了同步加载控制，有效地克服了时变非线性及耦合等因素的影响。与此相比，有的研究中也应用了 AMFC 控制策略对一个大型壳体实现高精度、大载荷同步加载的多通道电液伺服同步闭环加载系统实施了控制，也取得了成功，其轴向同步误差小于 0.5%。

除上述应用实例外，液压同步闭环控制还在大型电液伺服飞行仿真转台和航天航空驱动装置上也得到了应用。

伺服阀控液压缸同步闭环控制系统是工程上常用的伺服控制系统，它依靠对输出量进行检测与反馈，从而构成反馈闭环控制，在很大程度上消除或抑制不利因素的影响，而可望获得高精度的同步驱动。液压同步闭环控制已经越来越得到人们的重视，特别是随着现代化控制理论及计算机控制技术的发展，该种控制形式几乎在所有需要高精度液压同步驱动的各类主机上得到了较好的应用。而阀控非对称液压缸以其结构简单、占地空间小、制造容易等优点，已广泛用于冶金、矿山、钢铁等行业液压伺服系统中。

随着控制理论的发展，涌现出许多新型的具有良好控制性能的控制理论，但是液压伺服系统普遍存在非线性，且至今没有能够很好地解决这一难题。液压伺服系统的非线性主要由电液转换与控制元件（伺服阀、比例阀或数字阀）的节流特性引起，包括阀零位附近的不灵敏性、最大开口附近的流量饱和特性、阀流量方程的非线性以及温漂等，和液压动力机构的滞环、死区及限幅等因素。对于由后者引起的非线性（通常称为本质非线性），采用描述函数法已能获得较好的结果；而对前者目前还没有比较满意的统一处理方法，现有的处理方法是将描述系统特性的动态方程中的非线性项在工作点附近增量线性化，即取台劳级数展开式的一次项，从而把非线性系统近似转化为工作点附近的增量线性系统。这种处理方法对于系统给定量较小，且外负载不大，经常工作在额定工作点附近的电液伺服系统是可行的。然而近代液压伺服系统往往要求系统具有点点跟踪任意非线性函数的能力，并且能够承受较强的外负载干扰，因此工作过程中系统的工作点在较大范围内变化，从而增量线性化理论难以奏效。目前解决这一问题可参考的方法有两种：一种是基于对象线性模型，采用具有较好自适应性和智能性的鲁棒控制策略来处理工作点变化和系统非线性引起的不确定性；另一种是对非线性对象在大范围内精确线性化，采用非线性系统几何控制理论来设计非线性状态反馈。

智能控制的概念主要是针对被控系统的高度复杂性、高度不确定性和人们要求越来越高的控制性能指标提出来的。模糊逻辑控制和神经网络控制都是智能控制的重要方法，它们在信息的加工处理过程中，均表现出很强的容错能力。从工程角度来看，对神经网络与模糊系统的研究，主要是为了处理那些由于不确定性、不精确性以及噪声所引起的困难。神经网络是模仿人脑神经的功能，可作为一般的函数估计器，能够映射输入输出关系，它具有自学习能力和大规模并行处理能力，在认知上表现优异。而模糊逻辑则是模仿人脑的逻辑思维机理，用于处理模型未知或不精确的控制问题，它能够充分利用学科领域的知识，以较少的规则数来表达知识，在技能处理上表现优异。

神经网络控制和模糊控制各有其自身的优缺点。神经网络控制以神经网络连接理论为基础，在智能实现方面更能接近人脑的自组织和并行处理等功能，具有较强的学习能力。其缺点是它的内部知识表达方式物理意义不明确，不能利用必要的初始经验知识，权值的收敛速度慢，易陷入局部极值。模糊控制以模糊逻辑和语言规则为基础，抓住人脑思维的模糊性特点，来模仿人的推理过程进行模糊推理，善于表达近似与定性的知识。但是模糊控制缺乏学习能力，只能凭主观或通过试凑的方法确定隶属度函数和模糊规则，不能根据积累的经验自动地改善系统的性能。而人思维的容错能力，正是源于思维方法上的模糊性以及大脑本身的结构特点两个方面的综合。所以，将神经网络与模糊系统相结合，便成为一种很自然的趋势。

5.2　模糊自整定 PID 控制及仿真

5.2.1　模糊控制

模糊控制是以模糊集合论、模糊语言变量及模糊逻辑推理为基础的计算机数字控制，它的最大特征是：它能将操作者或专家的控制经验和知识表示成语言变量描述的控制规则，然后用这些规则去控制系统。因此，模糊控制特别适用于数学模型未知的、复杂的非线性系统的控制。从信息的观点来看，模糊控制是一类规则型的专家系统；从控制技术的观点来看，它是一类非线性控制器。

5.2.2　模糊控制的基本原理

模糊控制基本原理框图如图 5-4 所示。

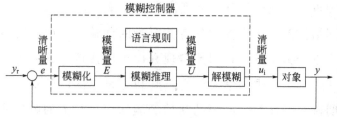

图 5-4　模糊控制基本原理框图

图中 y_r 为系统设定值，y 为系统输出值，它们都是清晰量。从图中可以看到，它和传统的控制系统结构没有很大区别，只是用模糊控制器替代了传统的数字控制器。

模糊控制器的输入量是系统的偏差量 e，在计算机控制系统中它是数字量，是有确定数值的清晰量。通过模糊化处理，用模糊语言变量 E 来描述偏差，若以 $T(E)$ 记 E 的语言值集合，则有

$$T(E) = \{负大, 负中, 负小, 零, 正小, 正中, 正大\}$$

如用符号表示 $T(E)$，则

$$T(E) = \{NB, NM, NS, ZO, PS, PM, PB\}$$

其中，NB（Negative Big）表示负大，NM（Negative Medium）表示负中，NS（Negative Small）表示负小，ZO（Zero）表示零，PS（Positive Small）表示正小，PM（Positive Medium）表示正中，PB（Positive Big）表示正大。

语言规则模块是一个规则库。设 E 是输入，控制 U 为输出，规则形式为

$$规则 1：if\ E_1\ then\ U_1，else$$
$$规则 2：if\ E_2\ then\ U_2，else$$
$$\cdots\cdots$$
$$规则 n：if\ E_n\ then\ U_n$$

每一条规则可以建立一个模糊关系 R_i，所以系统总的模糊关系 R 为：

$$R = R_1 \bigcup R_2 \bigcup \cdots \bigcup R_n \tag{5-1}$$

若已知系统的输入 e_0 对应模糊变量 E^*，应用 CRI（关系合成推理法）可得到模糊输出变量 U^*：

$$U^* = E^* \circ R \tag{5-2}$$

模糊推理输出 U^* 是一个模糊变量，在系统中要实施控制时，模糊量 U^* 还要转换为清晰值，因此要进行清晰化处理，得到可操作的确定值 u_i，这就是模糊控制器的输出值，通过 u_i 的调整控制作用，使误差 e 尽量小。

5.2.3　模糊控制器

模糊逻辑控制器（Fuzzy Logic Controller，FLC）简称模糊控制器（Fuzzy Controller，FC），又称为模糊语言控制器。模糊控制器是模糊控制的核心，一个模糊控制系统的性能优劣主要取决于模糊控制器的结构、所采用的模糊规则、合成推理算法以及模糊决策的方法等因素。模糊控制器的组成框图如图 5-5 所示。

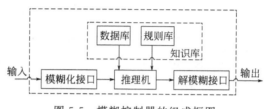

图 5-5　模糊控制器的组成框图

（1）模糊化接口（Fuzzy Interface）

模糊控制器的输入必须通过模糊化才能用于控制输出的求解，因此实际上它是模糊控制器的输入接口。其主要作用是将真实的确定量输入转换为一个模糊矢量。

（2）知识库（Knowledge Base）

知识库由数据库和规则库两部分组成。

① 数据库　数据库所存放的是所有输入、输出变量的全部模糊子集的隶属度矢量值（即经过论域等级离散化以后对应值的集合），若论域为连续域则为隶属度函数。在规则推理的模糊关系方程求解过程中，向推理机提供数据。

② 规则库　模糊控制器的规则基于专家知识或手动操作人员长期积累的经验，它是按人的直觉推理的一种语言表示形式。模糊规则通常由一系列的关系词连接而成，如 if _ then、else、also、end、or 等，关系词必须经过"翻译"才能将模糊规则数值化。最常用的关系词为 if _ then、also，对于多变量模糊控制系统，还有 and 等。例如，某模糊控制系统输入变量为 e（误差）和 ec（误差变化），它们对应的语言变量为 E 和

EC，可给出一组模糊规则：

R1：if E is NB and EC is NB then U is PB

R2：if E is NB and EC is NS then U is PM

通常把 if 部分称为"前提部"，而 then 部分称为"结论部"，其基本结构可归纳为 if A and B then C，其中 A 为论域 U 上的一个模糊子集，B 是论域 V 上的一个模糊子集。根据人工控制的经验，可离线组织其控制决策表 R，R 是笛卡儿乘积 $U \times V$ 的一个模糊子集，则某一时刻其控制量由下式给出：

$$C = (A \times B) \circ R \qquad (5\text{-}3)$$

式中，$\times$ 表示模糊直积运算；$\circ$ 表示模糊合成运算。

规则库是用来存放全部模糊控制规则的，在推理时为"推理机"提供控制规则。

(3) 推理与解模糊接口（Interface and Defuzzy-interface）

推理是模糊控制器中，根据输入模糊量，由模糊控制规则完成模糊推理来求解模糊关系方程，并获得模糊控制量的功能部分。在模糊控制中，考虑到推理时间，通常采用运算较简单的推理方法，最基本的有 Zadeh 近似推理。

推理结果的获得，表示模糊控制的规则推理功能已经完成。但是，至此所获得的结果仍是一个模糊矢量，不能直接用来作为控制量，还必须进行一次转换，求得清晰的控制量输出，即为解模糊。通常把输出端具有转换功能作用的部分称为解模糊接口。

5.2.4 模糊控制器的设计

模糊控制器在模糊自动控制系统中具有举足轻重的作用，因此在模糊控制系统中，设计和调整模糊控制器的工作是很重要的。模糊控制器的设计包括以下几项内容：

① 确定模糊控制器的输入变量和输出变量（即控制量）；

② 设计模糊控制器的控制规则；

③ 确立模糊化和非模糊化（又称清晰化）的方法；

④ 选择模糊控制器的输入变量及输出变量的论域并确定模糊控制器的参数；

⑤ 合理选择模糊控制算法的采样时间。

（1）模糊控制器的输入/输出变量

在确定性自动控制系统中，通常将具有一个输入变量和一个输出变量的系统称为单变量系统，而将多于一个输入/输出变量的系统称为多变量控制系统。所不同的是模糊控制系统往往把一个被控制量（通常是系统输出量）的偏差、偏差变化以及偏差变化的变化率作为模糊控制器的输入，将模糊控制器的输入量个数称为模糊控制器的维数。下面以单输入单输出模糊控制器为例，给出几种结构形式的模糊控制器，如图 5-6 所示。

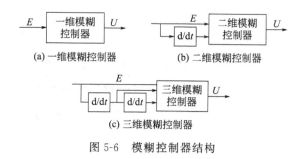

图 5-6　模糊控制器结构

从理论上讲，模糊控制器的维数越高，控制越精细，但是维数过高，模糊控制规则变得过于复杂，控制算法的实现相当困难。所以目前被广泛采用的均为二维模糊控制器，这种控制器以误差和误差变化为输入变量，以控制量的变化为输出变量。

（2）模糊控制规则的设计

控制规则的设计一般包括三部分内容：选择描述输入/输出变量的词集、定义模糊变量的模糊子集以及建立模糊控制器的控制规则。

① 模糊控制器的控制规则表现为一组模糊条件语句，在条件语句中描述输入/输出变量状态的一些词汇（如"正大"、"负小"等）的集合，称为这些变量的词集。根据人们对事物变量的语言描述习惯，一般都选用 {负大，负中，负小，零，正小，正中，正大} 这七个词汇，用英文字头缩写为 {NB，NM，NS，ZO，PS，PM，PB}。选择较多的词汇描

述输入/输出变量，可以方便制定控制规则，但是控制规则相应变得复杂；选择词汇过少，使得描述变量变得粗糙，导致控制器的性能变坏。一般情况下，都选择上述七个词汇，但也可以根据实际系统需要选择 3~5 个语言变量。

② 定义一个模糊子集，实际上就是要确定模糊子集隶属度函数曲线的形状。隶属度函数有时是以连续函数的形式出现，有时是以离散的量化等级形式出现。将确定的隶属度函数曲线离散化，就得到了有限个点上的隶属度，便构成了一个相应的模糊变量的模糊子集。常见的隶属度函数类型有以下两种。

三角形型：它的分布由三个参数表示，一般可描述为

$$f(x,a,b,c)=\begin{cases} 0 & x \leqslant a \\ \dfrac{x-a}{b-a} & a \leqslant x \leqslant b \\ \dfrac{c-x}{c-b} & b \leqslant x \leqslant c \\ 0 & c \leqslant x \end{cases} \tag{5-4}$$

高斯型：它用两个参数来描述，一般可表述为

$$f(x,c,\sigma)=e^{-\frac{(x-c)^2}{\sigma^2}} \tag{5-5}$$

其中，参数 σ 的大小直接影响隶属度函数曲线的形状，σ 的不同会导致不同的控制特性。

除以上两种常用的隶属度函数外，还有钟型隶属度函数、Sigmoid 型隶属度函数、z 型隶属度函数等。三角形隶属度函数用得最为广泛，由于它的形状仅与直线的形状有关，简单易行，并且适合有隶属度函数在线调整的自适应模糊控制。

隶属度函数曲线形状较尖的模糊子集其分辨率较高，控制灵敏度也较高；相反，隶属度曲线形状较缓，控制特性也较平缓，系统稳定性较好。因此，在选择模糊变量的模糊集的隶属度函数时，在误差较大的区域采用低分辨率的模糊集，在误差较小的区域采用较高分辨率的模糊集，当误差接近于零时选用高分辨率的模糊集。

③ 控制规则设计一般有如下三种方法。

（a）经验归纳法

所谓经验归纳法，就是根据人的控制经验和直觉推理，经整理、加工和提炼后构成模糊规则系统的方法。模糊控制的控制规则是基于手动控制策略，而手动控制策略又是人们通过学习、试验以及长期经验积累而逐渐形成的存储在操作者头脑中的一种技术知识集合。

模糊控制器规则的设计原则是：当误差较大时，控制量的变化应尽力使误差迅速减小；当误差较小时，除了要消除误差外，还要考虑系统的稳定性，防止系统产生不必要的超调，甚至振荡。

（b）基于过程的模糊模型

过程的动态特性可以用模糊模型来描述，称为过程的模糊模型。基于过程的模糊模型产生一组模糊控制规则来使被控过程到达期望的性能。这种方法存在的困难就是难于获得充分反映被控过程特性的模糊模型及其参数。

（c）基于学习的方法

当被控过程存在时变的特性或难以直接构造模糊控制器时，可以通过设计自组织、自学习能力的模糊控制器来自动获得模糊规则。

三种方法中第一种方法是最基本的也是应用最广泛的方法。在实际应用中，初步建立的模糊规则往往难以得到良好的效果，必须不断加以修正和试凑。在模糊规则的建立修正和试凑过程中，应尽量保证模糊规则的完备性和相容性。所谓模糊规则的完备性即对于控制过程的任一状态，模糊规则能产生有关控制作用。而模糊规则的相容性则反映在输出模糊集合是否是多峰的，如果存在多峰的现象，则说明模糊规则中有相互矛盾的情况存在。

（3）精确量的模糊化方法

将精确量转换为模糊量的过程称为模糊化或称为模糊量化。在模糊控制应用中，检测到的数据一般是精确的，而在模糊控制器中处理的是模糊量，因而模糊化是必要的步骤。它是由观测的输入空间到相应的输入论域上的模糊子集的转换，这种转换通常带有主观性。

模糊化须解决两个问题，一是量程转换，二是选择模糊化方法。

量程转换就是把输入信号的物理范围转化为相应的论域。例如将精

确量 x 的实际变化范围 $[a,b]$ 转换到区间 $[-n,n]$，这种转换过程称为精确量的量化。量化过程可采用式（5-6）计算：

$$y = 2n[x-(a+b)/2]/(b-a) \tag{5-6}$$

模糊化一般采用如下两种方法：

① 把论域中某一精确点模糊化为在论域上占据一定宽度的模糊子集；

② 将在某区间的精确量 x 模糊化成一个在 x 点处隶属度为 1，除 x 点外其余各点的隶属度均取 0 的模糊子集。

（4）模糊推理计算及去模糊化方法

建立输入/输出语言变量及其隶属度函数，并构造完成模糊规则之后，就可执行模糊推理计算。模糊推理的执行结果与模糊蕴含操作的定义、推理合成规则、模糊规则前件部分的连接词"and"的操作定义等有关，因而有多种不同的算法如 Mamdani 模糊推理算法、Larsen 模糊推理算法、Takagi-Sugeno 模糊推理算法等。

模糊控制器的最后一个环节为去模糊化。它可以看作模糊空间到清晰空间的一种映射。目前经常用到的去模糊方法是：面积中心法（Centroid）、最大隶属度取最大法、最大隶属度取最小法、平均最大隶属度方法、面积平分法、加权平均法等。

本项目中阀控缸系统采用 Mamdani 模糊推理算法和加权平均法进行模糊推理计算与去模糊化。以控制量 U 论域中的每个元素 x_i（$i=1$，$2,\cdots,n$）作为待判决输出模糊集合的隶属度 $\mu(i)$ 的加权系数，即取乘积 $x_i\mu(i)$，再计算该乘积的和 $\sum\limits_{i=1}^{n} x_i\mu(i)$ 对于隶属度和的平均值 x_0，即：

$$x_0 = \frac{\sum\limits_{i=1}^{n} x_i\mu(i)}{\sum\limits_{i=1}^{n} \mu(i)} \tag{5-7}$$

平均值 x_0 便是应用加权平均法为模糊集合求得的判决结果。

（5）论域、量化因子、比例因子的选择

① 论域及其基本论域

模糊控制器的输入变量误差、误差变化的实际变化范围称为这些变量的基本论域。被控对象实际要求的控制量的变化范围称为模糊控制器输出变量的基本论域。显然基本论域内的量为精确量。

设误差变量所取的模糊子集的论域为：$\{-n,-n+1,\cdots,0,1,\cdots,n-1,n\}$；

设误差变化变量所取的模糊子集的论域为：$\{-m,-m+1,\cdots,0,1,\cdots,m-1,m\}$；

设控制量所取的模糊子集的论域为：$\{-l,-l+1,\cdots,0,1,\cdots,l-1,l\}$；

论域选择时，一般取 $n,m,l=2k+1$，其中 $k=0,1,2\cdots$，一般来说，论域的量化等级越细，控制精度越高。

② 量化因子和比例因子

为了进行模糊化处理，必须将输入变量从基本论域转换到相应的模糊集的论域，这中间须将输入变量乘以相应的量化因子。量化因子用 K 表示，则误差的量化因子 K_e，及误差变化的量化因子 K_{ec} 分别由下面两个公式来确定：

$$K_e = n/e_{max} \tag{5-8}$$

$$K_{ec} = m/ec_{max} \tag{5-9}$$

每次采样经模糊控制算法给出的控制量（精确量）还不能直接控制对象，还必须将其转换到为被控对象所能接受的基本论域中去。

输出量的比例因子 K_u 由下式确定：

$$K_u = u_{max}/l \tag{5-10}$$

量化因子和比例因子的选择并不是唯一的，可以在控制过程中采用改变量化因子和比例因子的方法，来调整整个控制过程中不同阶段上的控制特性，这种形式的控制器称为自调整量化因子和比例因子的模糊控制器。

（6）采样时间的确定

从保持信号完整及控制系统随动的性能来看，要求采样周期短；而另一方面，采样频率也并非越高越好，过高的采样频率可能会产生高频干扰，降低采样信号的质量。根据香农（Shannon）采样定理，信号采样频率 ω_s，只需满足以下公式：

$$\omega_s \geqslant 2\omega_{max} \tag{5-11}$$

式中　ω_{max}——被采样信号的最高频率。

对于一个闭环控制系统，采样频率可以依据系统的闭环频带来确定，即把闭环频带看作是信号最高频率，故采样频率应高于闭环频带 2 倍以上。工程应用时，考虑到高于闭环频带的信号分量对低频分量的影响，为减少混叠现象，常根据以下公式选取

$$\omega_s \approx (4 \sim 10)\omega_b \tag{5-12}$$

式中　ω_b——系统闭环频带。

根据经验，系统闭环频带 ω_b 近似等于系统开环穿越频率 ω_c。由前面的分析可知，未加控制器前的系统频带宽度约为 10Hz，而添加控制器后的系统带宽变化也不会太大，因此选择控制系统的采样频率为

$$f_s = 4f_c = 40\,\mathrm{Hz}$$

从而可确定本项目中阀控缸系统的采样周期为 $T_s = 25\mathrm{ms}$。

5.2.5　PID 控制原理

模拟 PID 控制系统原理框图如图 5-7 所示。系统由模拟 PID 控制器和被控对象组成。

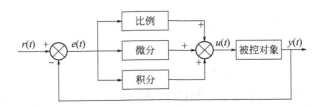

图 5-7　模拟 PID 控制系统原理框图

PID 控制器是一种线性控制器，它根据给定值 $r(t)$ 与实际输出值 $y(t)$ 构成控制偏差 $e(t) = r(t) - y(t)$，将偏差的比例（P）、积分（I）和微分（D）通过线性组合构成控制量，对被控对象进行控制，故称 PID 控制器。其控制规律为：

$$u(t) = K_p \left[e(t) + \frac{1}{T_I} \int_0^t e(t)\,\mathrm{d}t + \frac{T_D\,\mathrm{d}e(t)}{\mathrm{d}t} \right] \tag{5-13}$$

式中　$u(t)$——t 时刻的控制量；

$\quad\quad K_P$——比例系数；

$\quad\quad T_I$——积分时间常数；

$\quad\quad T_D$——微分时间常数。

对式（5-13）中的积分和微分项进行离散化处理，即可得到位置式 PID 控制算法：

$$u(k)=K_P\left\{e(k)+\frac{T}{T_I}\sum_{j=0}^{k}e(j)+\frac{T_D}{T}[e(k)-e(k-1)]\right\} \quad (5-14)$$

或

$$u(k)=K_Pe(k)+K_I\sum_{j=0}^{k}e(j)+K_D[e(k)-e(k-1)] \quad (5-15)$$

式中　T——采样周期；

$\quad\quad k$——采样序号；

$\quad\quad K_I$——积分系数；

$\quad\quad K_D$——微分系数。

由于采用位置式 PID 控制算法时，计算机运算工作量大，并且当计算机出现故障时 $u(k)$ 的大幅度变化会引起执行机构位置的大幅度变化，造成生产事故，因而产生了如下的增量式 PID 控制算法：

$$\begin{cases}\Delta u(k)=K_P\Delta e(k)+K_Ie(k)+K_D[\Delta e(k)-\Delta e(k-1)]\\ u(k)=u(k-1)+\Delta u(k)\end{cases} \quad (5-16)$$

式中，$\Delta e(k)=e(k)-e(k-1)$。

5.2.6　模糊自整定 PID 控制器

目前，常规 PID 调节器大量应用于工业过程控制，并取得了较好的控制效果，其控制作用的一般形式为 $u(k)=K_Pe(k)+K_I\sum e(k)+K_Dec(k)$，其中 $E(k)$、$\sum e(k)=e(k)+e(k-1)$ 和 $ec(k)=e(k)-e(k-1)(k=0,1,2,\cdots)$ 分别为其输入变量偏差、偏差和以及偏差变化，K_P、K_I 及 K_D 分别为表征其比例（P）、积分（I）及微分（D）的参数。但由于常规 PID 调整器不具有在线整定参数 K_P、K_I 及 K_D 的功能，致使其不能满足在不同 e 和 ec 下系统对 PID 参数的自整定要求，从而影响其控制效果的进一步提高。随着计算机技术的发展，人们利用人工智能的方法将操作人员的调整经验作为知识存入计算机中，根据现场实际情况，计算机自动调整 PID 参数，这样就出现了智能 PID 控制器。这种控制器把古典的 PID 控制与先进的专家系统相结合，实现系统的最佳控制。这种控制必须精确地确定对象模型，首先将操作人员（专家）长期实践积累的经验知识用控制规则模型化，然后运用推理便可对 PID 参数实现最佳调整。

由于操作者经验不易精确描述，控制过程中各种信号量及评价指标不易定量表示，模糊理论是解决这一问题的有效途径，所以人们运用模糊数学的基本理论和方法，把规则的条件、操作用模糊集表示，并把这些模糊控制规则及有关信息（如评价指标、初始 PID 参数等）作为知识存入计算机知识库中，然后计算机根据控制系统的实际响应情况（专家系统的输入条件），运用模糊推理，即可自动实现对 PID 参数的最佳调整，这就是模糊自整定 PID 控制。

模糊自整定 PID 参数控制器是一种在常规 PID 调节器，$u = K_P e + K_I \sum e + K_D ec$ 基础上，应用模糊集合理论建立参数 K_P、K_I 及 K_D 同偏差绝对值 $|E|$ 和偏差变化绝对值 $|ec|$ 间的二元连续函数关系：$K_P = f_1(|e|, |ec|)$、$K_I = f_2(|e|, |ec|)$、$K_D = f_3(|e|, |ec|)$，并根据不同的 $|e|$、$|ec|$ 在线自整定参数 K_P、K_I 及 K_D 的模糊控制器，结构如图 5-8 所示。

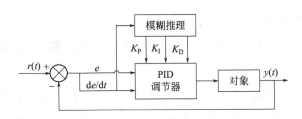

图 5-8　模糊自整定 PID 控制系统

5.2.7　PID 参数自整定原则

PID 参数的模糊自整定是找出 PID 三个参数与 e 和 ec 之间的模糊关

系，在运行中通过不断检测 e 和 ec，利用模糊规则进行模糊推理，查询模糊矩阵表进行参数调整，以满足不同 e 和 ec 对控制参数的不同要求，从而使被控对象有良好的动、静态性能。通过对 PID 控制理论的认识和长期人工操作经验的总结，可知 PID 参数应依据以下几点来适应系统的动态过程。

① 在偏差比较大时，为尽快消除偏差，提高响应速度，同时为了避免系统响应出现超调，K_P 取大值，K_I 取零；偏差比较小时，为继续减小偏差，并防止超调量过大、产生振荡和稳定性破坏，K_P 要减小，K_I 取小值；在偏差很小时，为消除静差，克服超调，使系统尽快稳定，K_P 值继续减小，K_I 不变或稍取大。

② 当偏差与偏差变化同号时，被控量是朝偏离既定值方向变化。因此，当被控量接近定值时，反号的比例作用阻碍积分作用，避免积分超调及随之而来的振荡，有利于控制；而当被控量远未接近各定值并向定值变化时，则由于这两项反向，将会减慢控制过程。在偏差比较大而且偏差变化率与偏差异号时，K_P 值取零或负值，以加快控制的动态过程。

③ 偏差变化率的大小表明偏差变化的速率，ec 越大，K_P 取值越小，K_I 取值越大，反之亦然。同时，要结合偏差大小来考虑。

④ 微分作用可改善系统的动态特性，阻止偏差的变化，有助于减小超调量，消除振荡、缩短调节时间，允许加大 K_P，使系统稳态误差减小，提高控制精度，达到满意的控制效果。所以，在 e 比较大时，K_D 取零，实际为 PI 控制；在 e 比较小时，K_D 取一正值，实行 PID 控制。

模糊控制设计的核心是总结工程设计人员的技术知识和实际操作经验，建立合适的模糊规则表，得到针对 K_P、K_I 及 K_D 三个参数分别整定的模糊控制表。

(1) 由实际控制过程的操作经验可知，在调节过程的起始阶段，适当地把 PID 调节器的比例系数 K_P 放在较小的档次以减小各种物理量初始变化所产生的冲击；在调节中期，适当地加大 K_P 的值，以提高系统的快速性和动态精度；在调节过程的后期，把 K_P 调整到较小的档次以减小系统的超调量，提高控制的精度。因此可得 K_P 的模糊规则表，见表 5-1。

表 5-1　参数 K_P 的模糊规则表

e ＼ ec	NB	NM	NS	ZO	PS	PM	PB
NB	PB	PB	PM	PM	PS	ZO	ZO
NM	PB	PB	PM	PS	PS	ZO	NS
NS	PM	PM	PM	PS	ZO	NS	NS
ZO	PM	PM	PS	ZO	NS	NM	NM
PS	PS	PS	ZO	NS	NS	NM	NM
PM	PS	ZO	NS	NM	NM	NM	NB
PB	ZO	ZO	NM	NM	NM	NB	NB

（2）在调节过程起始阶段，为防止系统饱和和非线性的影响而引起的系统超调量的增加，K_I 应取较小值；在调节过程的中期，为避免影响稳定性，K_I 应取值适中，不宜过大；而在调节过程的后期，应增大 K_I 的值，以减小系统静差，从而提高调节精度。因此可得 K_I 的模糊规则表，见表 5-2。

表 5-2　参数 K_I 的模糊规则表

e ＼ ec	NB	NM	NS	ZO	PS	PM	PB
NB	NB	NB	NM	NM	NS	ZO	ZO
NM	NB	NB	NM	NS	NS	ZO	ZO
NS	NB	NM	NS	NS	ZO	PS	PS
ZO	NM	NM	NS	ZO	PS	PM	PM
PS	NM	NS	ZO	PS	PS	PM	PB
PM	ZO	ZO	PS	PS	PM	PB	PB
PB	ZO	ZO	PS	PM	PM	PB	PB

（3）在调节过程起始阶段，K_D 应取较大值，以减小甚至避免超调；

在调节过程的中期，由于调节特性对 K_D 的变化比较敏感，因此，K_D 应适当小一些并保持固定不变；而在调节过程的后期，K_D 应再减小，从而减小被控过程的制动作用，以补偿在调节过程初期由于 K_D 较大所造成的调节过程时间延长。因此可得 K_D 的模糊规则表，见表5-3。

表5-3　参数 K_D 的模糊规则表

e ＼ ec	NB	NM	NS	ZO	PS	PM	PB
NB	PS	NS	NB	NB	NB	NM	PS
NM	PS	NS	NB	NM	NM	NS	ZO
NS	ZO	NS	NM	NM	NS	NS	ZO
ZO	ZO	NS	NS	NS	NS	NS	ZO
PS	ZO	ZO	ZO	ZO	ZO	ZO	ZO
PM	PB	NS	PS	PS	PS	PS	PB
PB	PB	PM	PM	PM	PS	PS	PB

将上述三个表格进行合并，可以得到49条模糊控制规则语句：

① if E＝NB and EC＝NB then K_P＝PB，K_I＝NB，K_D＝PS

......

㊾ if E＝PB and EC＝PB then K_P＝NB，K_I＝PB，K_D＝PB

5.2.8　模糊自整定 PID 算法

K_P、K_I 及 K_D 三个参数的模糊控制规则表建立好后，可根据以下方法进行 K_P、K_I 及 K_D 的自整定。

设 E、EC 和 K_P、K_I、K_D 均服从正态分布，可得各模糊子集的隶属度，根据各模糊子集的隶属度赋值表和各参数模糊控制模型，应用模糊合成推理设计 PID 参数的模糊矩阵表，查出修正参数代入下式计算：

$$K_P = K_P' + \{e_i, ec_i\}_P = K_P' + \Delta K_P$$

$$K_I = K_I' + \{e_i, ec_i\}_I = K_I' + \Delta K_I \qquad (5-17)$$

$$K_D = K_D' + \{e_i, ec_i\}_D = K_D' + \Delta K_D$$

在运行过程中，控制系统通过对模糊逻辑规则的结果处理、查表和运算，完成对 PID 参数的在线自校正。模糊 PID 自整定流程图如图 5-9 所示。

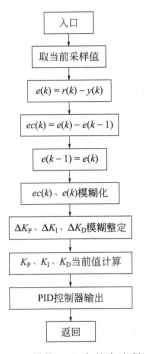

图 5-9 模糊 PID 自整定流程图

由于模糊自整定 PID 参数控制器在参数 K_P、K_I 和 K_D 及误差 e 和误差变化 ec 之间建立起在线自整定的函数关系，满足了系统在不同 e 和 ec 下对控制器参数的同步要求，故能取得优于常规 PID 调节器的控制效果。

5.2.9 阀控缸系统模糊自整定 PID 控制仿真

由式（5-16）可知本系统的模糊推理器的输出并非 PID 控制器的实际参数 K_P、K_I 和 K_D，而是控制器参数的修正值 ΔK_P、ΔK_I 和 ΔK_D。为方便起见，设计过程中用 K_P、K_I 和 K_D 来分别代替 ΔK_P、ΔK_I 和 ΔK_D。

本系统的输入变量误差 e 和误差变化 ec 以及输出变量 K_P、K_I 和

K_D 都选用 7 个模糊子集，即 $\{NB，NM，NS，ZO，PS，PM，PB\}$。由于输入变量的实际变化范围和变量论域不是同一概念，根据式（5-6）可将实际变化范围内的输入值转化成论域范围内的有关等级值。误差 e 和误差变化 ec 的论域选用 7 级，即 e、$ec = \{-3,-2,-1,0,1,2,3\}$，输出变量 K_P、K_I 和 K_D 的论域选用 13 级，即 K_P、K_I、$K_D = \{-6,-5,-4,-3,-2,-1,0,1,2,3,4,5,6\}$。

根据本阀控液压缸同步系统，根据伺服阀输入电压信号对液压缸位移的增益，考虑系统信号衰减，误差基本论域可取 $[-6,6]$，误差的论域为 $[-3,3]$，因此模糊控制器量化因子 $K_e = 3/6 = 0.5$。根据误差的基本论域，误差变化的基本论域可取为 $[-12,12]$，误差变化的论域为 $[-3,3]$，因此模糊控制器误差变化的量化因子 $K_{ec} = 3/12 = 0.25$。伺服阀的输入电压信号为 $[-10V,10V]$，模糊控制器输出量的论域为 $[-6, 6]$，因此模糊控制器输出的比例因子 $K_u = 10/6 = 1.67$。

本系统采用正态分布函数来定义各输入/输出变量模糊状态的隶属度函数，见表 5-4 和表 5-5。

表 5-4　误差 e 和误差变化 ec 的隶属度表

e ＼ ec	-3	-2	-1	0	1	2	3
NB	1.0	0.5	0	0	0	0	0
NM	0.5	1	0.5	0	0	0	0
NS	0	0.5	1	0.5	0	0	0
ZO	0	0	0.5	1	0.5	0	0
PS	0	0	0	0.5	1	0.5	0
PM	0	0	0	0	0.5	1	0.5
PB	0	0	0	0	0	0.5	1

表 5-5　K_P、K_I 和 K_D 的隶属度表

e ＼ ec	-6	-5	-4	-3	-2	-1	0	1	2	3	4	5	6
NB	1	0.8	0.4	0.2	0	0	0	0	0	0	0	0	0

e＼ec	−6	−5	−4	−3	−2	−1	0	1	2	3	4	5	6
NM	0.4	0.8	1	0.8	0.4	0.2	0	0	0	0	0	0	0
NS	0	0.2	0.4	0.8	1	0.8	0.4	0.2	0	0	0	0	0
ZO	0	0	0	0.2	0.4	0.8	1	0.8	0.4	0.2	0	0	0
PS	0	0	0	0	0	0.2	0.4	0.8	1	0.8	0.4	0.2	0
PM	0	0	0	0	0	0	0	0.2	0.4	0.8	1	0.8	0.4
PB	0	0	0	0	0	0	0	0	0	0.2	0.4	0.8	1

　　根据 K_P、K_I 和 K_D 的模糊规则（表 5-1～表 5-3）进行模糊推理，合成运算；之后采用加权平均法为模糊集合求得判决结果，如式（5-7）所示，即可推导出 K_P、K_I 和 K_D 的模糊调整控制表（见表 5-6～表 5-8），将该表存储在计算机中即可供在线控制时查询使用。

表 5-6　参数 K_P 的模糊控制表

e＼ec	−3	−2	−1	0	1	2	3
−3	6	6	6	4	4	3	0
−2	6	6	4	4	3	0	−2
−1	4	4	4	3	0	−2	−2
0	4	4	3	0	−2	−2	−3
1	3	3	0	−2	−3	−3	−3
2	3	0	−2	−3	−3	−6	−6
3	0	−2	−3	−3	−6	−6	−6

表 5-7　参数 K_I 的模糊控制表

e＼ec	−3	−2	−1	0	1	2	3
−3	−6	−6	−3	−2	−2	0	0
−2	−6	−3	−3	−2	−2	0	0
−1	−3	−3	−2	−2	0	3	4

续表

e \ ec	−3	−2	−1	0	1	2	3
0	−3	−2	−2	0	3	4	4
1	−2	−2	0	3	3	4	4
2	0	0	3	3	4	4	6
3	0	0	3	4	4	6	6

表 5-8　参数 K_D 的模糊控制表

e \ ec	−3	−2	−1	0	1	2	3
−3	3	−2	−3	−6	−6	−2	3
−2	3	−2	−6	−3	−3	−2	0
−1	0	−2	−3	−3	−2	−2	0
0	0	−2	−2	−2	−2	−2	0
1	0	3	3	0	3	3	3
2	6	4	3	3	3	4	6
3	6	6	4	4	4	4	6

本书在 MATLAB6.5 环境下，以模糊控制工具箱和 Simulink 仿真工具为基础，对系统进行仿真研究。图 5-10 是在 Simulink 里建立的系统仿真框图。

将模糊控制表载入系统的模糊控制器中，加入随机扰动，对系统加入正弦信号进行仿真，得到以下响应曲线。如图 5-11～图 5-15 所示。

图 5-11 是同步控制正弦响应仿真曲线。图中有三条曲线，分别为标准正弦曲线和两只油缸的跟踪曲线。由于跟踪曲线和标准正弦曲线吻合得比较好，控制系统能够基本无偏差地跟踪输入信号，这表明系统具有良好的跟踪性能和自适应能力，且控制精度较高，解决了液压系统自身的非线性问题；两条跟踪曲线也几乎重合在一起，表明两只油缸的同步控制达到了较高的精度。

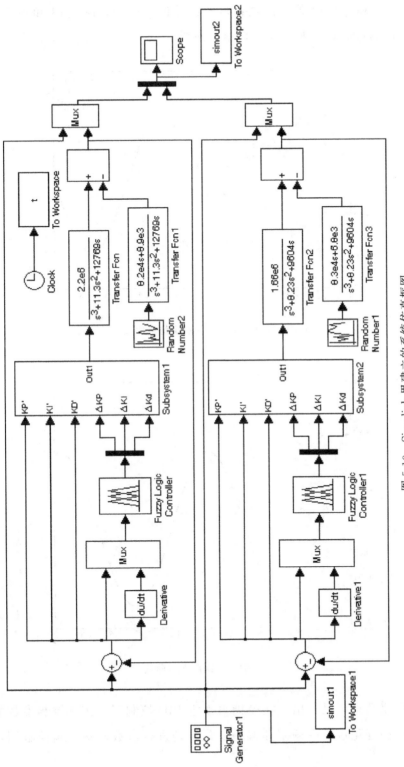

图 5-10　Simulink 里建立的系统仿真框图

图 5-12 和图 5-14 是两油缸各自的跟踪误差曲线，图 5-13 和图 5-15 是两油缸各自的 K_P、K_I、K_D 自整定曲线。

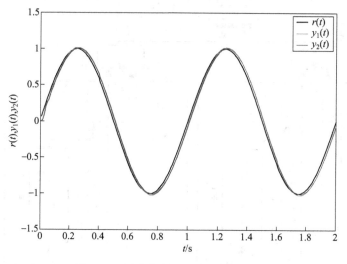

图 5-11　同步控制正弦响应仿真曲线

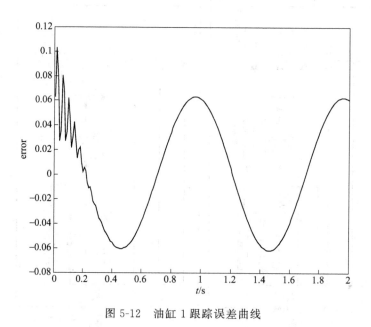

图 5-12　油缸 1 跟踪误差曲线

从仿真结果可以看出，在模糊自整定 PID 控制下，PID 控制参数能根据工况的变化过程中偏差和偏差变化自动进行参数调整，阀控缸同步系统取得了良好同步精度，有较好的抗干扰能力，适用于非线性、时变、强干扰的不确定复杂系统。因此，模糊自整定 PID 控制是一种很有价值的控制方案。

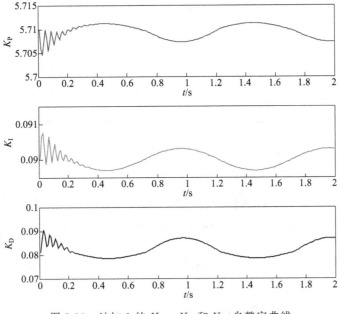

图 5-13　油缸 1 的 K_P、K_I 和 K_D 自整定曲线

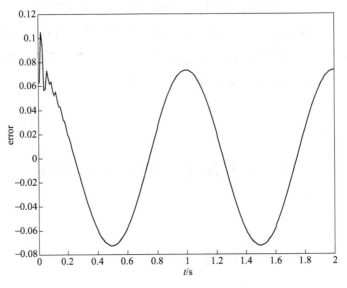

图 5-14　油缸 2 跟踪误差曲线

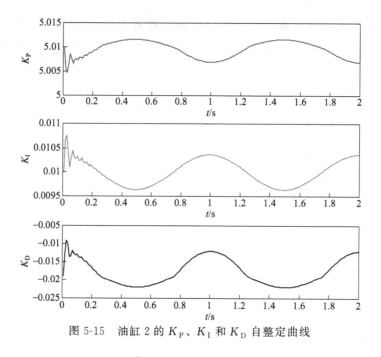

图 5-15　油缸 2 的 K_P、K_I 和 K_D 自整定曲线

　　伺服控制系统中，传统的控制方式大多采用 PID 控制，它具有简单、可靠、参数整定方便等优点。但由于液压系统普遍存在的非线性，使得传统的 PID 控制器难以保证在全局范围内获得理想的控制特性。而模糊控制具有一定的智能性，且模糊控制器有更快的响应，对过程参数的变化不敏感，有较强的鲁棒性，可以克服非线性的影响。本书将模糊自整定 PID 控制器应用于阀控液压缸同步控制系统，仿真结果表明，模糊自整定 PID 控制器能够较好地克服外界负载扰动对系统的影响，提高了系统的鲁棒性，取得了良好的同步控制效果。

5.3　神经网络自整定 PID 控制

5.3.1　神经网络控制

　　神经网络控制（NNC）是智能控制研究的另一重要分支。神经网络用于控制，主要是为了解决复杂的非线性、不确定性、时变系统的控制问题。神经网络用于控制主要有两种方法：一种用来实现模型；一种直接作为控制器使用。

神经元学起源于 19 世纪末，是 Caial 于 1889 年创立的，他指出神经系统是由相对独立的神经细胞构成的。所谓神经网络，是指由大量与生物神经系统的神经细胞相类似的人工神经元互连而组成的网络；或由大量像生物神经元的处理单元并联而成，这种神经网络具有某些智能和仿人控制功能。它可以同时接受大量信息，并且对它们进行处理，结果也是平行输出的一批信息。在系统中硬件是模仿神经细胞网络，软件则是模仿神经细胞的工作方式，即每个神经元接受信号按"乘权值后相加"，输出信号按"阈值"大小确定。这样做的优点是可以快速地处理复杂事务，但是要求在处理某一事物之前对系统进行教学，以便使系统通过学习求出权值和阈值。教学内容来自专家的经验（有教师学习）或系统期望的动态行为（无教师学习）。学习规则主要有无监督 Hebb 学习规则，Delta 规则和有监督 Hebb 学习规则。

神经网络具有以下几个突出的优点：

① 可以充分逼近任意连续非线性关系，从而形成非线性动力学系统，以表示某些被控对象的模型或控制器模型；

② 不需要建立被控系统的数学模型，只需对神经网络进行在线或离线训练，利用训练结果对控制系统进行设计；

③ 能够学习和适应不确定性系统的动态特性，当系统发生变化时可通过修改网络权值来实现自适应；

④ 所有定量或定性的信息都分布储存于网络内的各神经元，从而具有很强的容错性和鲁棒性；

⑤ 采用信息的分布式并行处理，可以进行快速大量运算。

神经网络具有并行机制、模式识别、记忆和自学习能力。它能够很好地适应环境，自动学习修改过程参数，具有更高的智能性。这为智能控制系统解决复杂生产过程的自动控制问题提供了一条有效的途径。

由于神经网络在解决高度非线性和严重不确定性系统的控制方面具

有优势，而这些正是液压气动系统所迫切需要的，因而神经网络控制在液压气动控制领域中得到了广泛的应用，用于处理系统的非线性和不确定性以及逼近系统的辨识函数等。从 20 世纪 80 年代初神经网络的研究再次复苏并形成热点以来，发展非常迅速，并从理论上对它的计算能力、对任意连续映射的逼近能力、学习理论以及动态网络的稳定性分析上都取得了丰硕的成果，特别是应用上已迅速扩展到许多重要领域。

5.3.2 神经网络基本描述

神经网络从拓扑上可看成是以神经元为节点、用有向加权弧连接而成的有向图。图 5-16 是一个神经元的典型结构：M-P 模型。

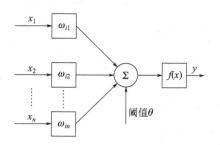

图 5-16　单个神经元结构图

图中，x_1、x_2、$\cdots$、x_n 分别为神经元的输入，ω_{ij}（$j=1,2,\cdots,n$）表示神经元 i 和神经元 j 之间的连接权，$f(x)$ 表示激活函数，θ 代表阈值，y 表示神经元的输出，其值为：

$$y = f\left(\sum_{j=1}^{n} \omega_{ij} x_j - \theta\right) \tag{5-18}$$

可以说单个神经元就是一个多输入/单输出的系统，两个或更多的单神经元相并联则构成单层神经网络。两个及其以上的单层神经网络相级联则构成多层神经网络。图 5-17 就是一个多层神经网络结构图。

神经网络一般由输入层、输出层、若干个隐含层（有些情况下可以不设隐含层）、层与层之间的连接权和若干数目的神经元组成。权值的大小通过学习或训练确定，学习的准则是使网络的输出与希望的输出之间的误差极小化。

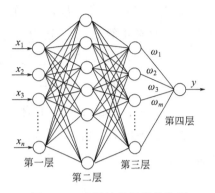

图 5-17　多层神经网络结构图

完整的网络结构是通过具体的文字描述来实现的，如：网络具有一个隐含层，隐含层中具有 5 个神经元并采用 S 型激活函数，输出层采用线性函数，或者更简明的可采用"网络采用 2-5-1 结构"来描述，其中 2 表示输入节点数；5 表示隐含层节点数；1 为输出节点数。特别值得强调的是，在设计多层网络时，隐含层的激活网络应采用非线性的，否则多层网络的计算能力并不比单层网络强；而输出层采用线性函数。

由此可见，人工神经网络工作时，所表现出的就是一种计算，利用人工神经网络求解问题时所利用的也正是网络输入到网络输出的某种关系式。与其它求输入/输出关系式方法不同的是，神经网络的输入/输出关系式是根据网络结构写出来的，并且网络权值的设计往往是通过训练而不是根据某种性能指标计算出来的。所以，应用神经网络解决实际问题的关键在于设计网络，而网络设计主要包括两方面的内容，一是网络结构，另一个是网络权值的确定。所以无论学习、应用，还是作为更深层次的理论研究，这两步都是最重要的。正因为如此，人们对神经网络进行分类时，也是有两种方法，一种是根据网络结构分为前向网络和反馈网络两大类，另一种是按训练权值方法分为监督式（有教师）网络和无监督式（无教师）网络两种。

5.3.3　神经网络学习规则

一个神经网络的拓扑结构确定之后，为了使它具有某种智能特性，还必须有相应的学习方法与之配合，学习是神经网络的主要特征。学习规则是指神经元之间连接权的修正算法，它分为有监督学习规则和无监督学习规则。比较常用的三种主要学习规则是无监督 Hebb 学习规则、有监督 Delta 学习规则和有监督 Hebb 学习规则。

无监督 Hebb 学习规则的基本思想是：如果有两个神经元同时兴奋，则它们之间的连接权加强。如果用 O_i 和 O_j 表示神经元 i 和 j 的激活值（输出），则 Hebb 规则可以表示为

$$\Delta\omega_{ij} = \eta O_i O_j \tag{5-19}$$

式中　η——学习速率。

有监督 Delta 学习规则又称误差校正规则，它是用已知样本作为教师对网络进行训练。若 d_i 为网络期望输出，则连接权的调整量为

$$\Delta\omega_{ij} = \eta(d_i - O_i)O_j \tag{5-20}$$

Delta 学习规则在许多神经网络中得到了应用，如常见的 BP 网络。

将无监督 Hebb 学习规则和 Delta 学习规则结合起来，就构成了有监督 Hebb 学习规则，连接权的调整量为

$$\Delta\omega_{ij} = \eta(d_i - O_i)O_i O_j \tag{5-21}$$

将神经网络的互连形式和学习规则有机地结合起来，就形成各种实用的神经网络。在控制领域中最常用的神经网络是 BP 网络。

5.3.4　BP 网络

反向传播网络（Back-Propagation Network，BP 网络）是对非线性可微分函数进行权值训练的多层前向网络。在神经网络的实际应用中，$80\% \sim 90\%$ 的神经网络模型是采用 BP 网络或它的变化形式。可以说，BP 网络是神经网络中前向网络的核心内容，体现了神经网络最精华的部分。

BP 网络的产生归功于 BP 算法的获得。BP 算法属于 δ 算法，是一种监督式的学习算法。图 5-18 为多层前向网络中的一部分，其中有两种信号流通：

① 工作信号（用实线表示）　它是施加输入信号后向前传播直到在

输出端产生实际输出的信号，是输入和权值的函数。

②误差信号（用虚线表示）　网络实际输出与应有输出间有差值即为误差，它由输出端开始逐层向后传播。

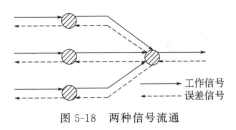

图 5-18　两种信号流通

下面具体推导用于多层网络学习的反向传播算法。

设在第 n 次迭代中输出端的第 j 个单元的输出为

$$e_j(n) = d_j(n) - y_j(n) \tag{5-22}$$

定义单元 j 的平方误差为 $\frac{1}{2}e_j(n)^2$，则输出端的总的平方误差的瞬时值为

$$E(n) = \frac{1}{2}\sum_{j \in c} e_j^2(n) \tag{5-23}$$

其中 c 包括所有输出单元，设训练集中样本总数为 N，则平方误差的均值为

$$E_{AV} = \frac{1}{N}\sum_{n=1}^{N} E(n) \tag{5-24}$$

E_{AV} 为学习的目标函数，学习的目的使 E_{AV} 达到最小，E_{AV} 是网络所有权值和阈值以及输入信号的函数。下面就逐个样本学习的情况推导 BP 算法。图 5-19 给出第 j 个单元接收到前一层信号并产生误差信号的全过程。

记 $v_j(n) = \sum_{i=0}^{p} \omega_{ji}(n)y_i(n)$，$p$ 为加到单元 j 前输入的个数，则 $y_j(n) = \varphi_j[v_j(n)]$，求 $E(n)$ 对 ω_{ji} 的梯度

$$\frac{\partial E(n)}{\partial \omega_{ji}(n)} = \frac{\partial E(n)}{\partial e_j(n)} \times \frac{\partial e_j(n)}{\partial y_j(n)} \times \frac{\partial y_j(n)}{\partial v_j(n)} \times \frac{\partial v_j(n)}{\partial \omega_{ji}(n)} \tag{5-25}$$

由于 $\dfrac{\partial E(n)}{\partial e_j(n)} = e_j(n)$，　$\dfrac{\partial e_j(n)}{\partial y_j(n)} = -1$，　$\dfrac{\partial y_j(n)}{\partial v_j(n)} = \varphi'_j[v_j(n)]$，

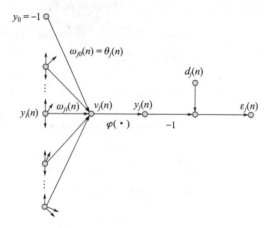

图 5-19　单元 j 的信号流图

$\dfrac{\partial v_j(n)}{\partial \omega_{ji}(n)} = y_i(n)$ ，得

$$\frac{\partial E(n)}{\partial \omega_{ji}(n)} = -e_j(n)\varphi_j'[v_j(n)]y_i(n) \tag{5-26}$$

权值 $\omega_{ji}(n)$ 的修正量为

$$\Delta \omega_{ji}(n) = -\eta \delta_j(n) y_j(n) \tag{5-27}$$

其中负号表示修正量按梯度下降方向，

$$\delta_j(n) = -\frac{\partial E(n)}{\partial e_j(n)} \times \frac{\partial e_j(n)}{\partial y_j(n)} \times \frac{\partial y_j(n)}{\partial v_j(n)} = e_j(n)\varphi_j'[v_j(n)] \tag{5-28}$$

$\delta_j(n)$ 称为局部梯度。下面分两种情况讨论。

①　单元 j 是一个输出单元，则

$$\delta_j(n) = [d(n) - y_j(n)]\varphi'[v_j(n)] \tag{5-29}$$

②　单元 j 是一个隐单元，如图 5-20 所示，则

$$\delta_j(n) = -\frac{\partial E(n)}{\partial y_j(n)}\varphi_j'[v_j(n)] \tag{5-30}$$

当 k 为输出单元时，有

$$E(n) = \frac{1}{2}\sum_{j \in c} e_k^2(n) \tag{5-31}$$

将此式对 $y_j(n)$ 求导，得

$$\frac{\partial E(n)}{\partial y_j(n)} = \sum_k e_k(n)\frac{\partial e_k(n)}{\partial y_j(n)} = \sum_k e_k(n)\frac{\partial e_k(n)}{\partial v_k(n)} \times \frac{\partial v_k(n)}{\partial y_j(n)} \tag{5-32}$$

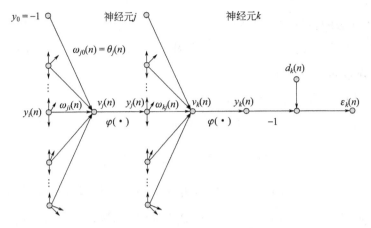

图 5-20　单元 j 与下一单元间的信号流图

由于 $e_k(n)=d_k(n)-y_k(n)=d_k(n)-\varphi_k[v_k(n)]$ ，所以

$$\frac{\partial e_k(n)}{\partial v_k(n)}=-\varphi'[v_k(n)] \qquad (5\text{-}33)$$

而 $v_k(n)=\sum\limits_{j=0}^{q}\omega_{kj}(n)y_j(n)$ ，其中 q 为单元 k 的输入端个数。

上式对 $y_j(n)$ 求导，得

$$\frac{\partial v_k(n)}{\partial y_j(n)}=\omega_{kj}(n) \qquad (5\text{-}34)$$

$$\frac{\partial E(n)}{\partial y_j(n)}=-\sum_k e_k(n)\varphi'_k[v_k(n)]\omega_{kj}(n)=-\sum\delta_k(n)\omega_{kj}(n)$$

$$(5\text{-}35)$$

于是有

$$\delta_j(n)=\varphi'_j[v_j(n)]\sum\delta_k(n)\omega_{kj}(n) \qquad (5\text{-}36)$$

总结以上推导可写为：

$$\begin{bmatrix}权值修正量\\ \Delta\omega_{ji}(n)\end{bmatrix}=\begin{bmatrix}学习步长\\ \eta\end{bmatrix}\cdot\begin{bmatrix}局部梯度\\ \delta_j(n)\end{bmatrix}\cdot\begin{bmatrix}单元的输入\\ 信号\ y_j(n)\end{bmatrix}$$

$\delta_j(n)$ 的计算有两种情况：

（1）当 j 是一个输出单元时，$\delta_j(n)$ 为 $\varphi'_j[v_j(n)]$ 与误差信号 $e_j(n)$ 之积。

（2）当 j 是一个隐单元时，$\delta_j(n)$ 是 $\varphi'_j[v_j(n)]$ 与后面一层的 δ 的加

权和之积。

BP 算法的步骤可归纳如下。

① 初始化：选定一结构合理的网络，置所有可调参数（权和阈值）为均匀分布的较小数值。

② 对每个输入样本作如下计算。

（a）前向计算　对第 l 层的 j 单元

$$v_j^{(l)}(n) = \sum_{i=0}^{T} \omega_{ji}^{(l)}(n) y_i^{(l-1)}(n) \tag{5-37}$$

其中 $y_i^{(l-1)}(n)$ 为前一层（$l-1$ 层）的单元 i 送来的工作信号 $[i=0$ 时，置 $y_0^{(l-1)}(n) = -1$，$\omega_{j0}^{(l)}(n) = \theta_j^{(l)}(n)]$，若单元 j 的激活函数为 Sigmoid 函数，则

$$y_j^{(l)}(n) = \frac{1}{1 + \exp[-v_j^{(l)}(n)]} \tag{5-38}$$

且 $\varphi_j'[v_j(n)] = \dfrac{\partial y_j^{(l)}(n)}{\partial v_j(n)} = \dfrac{\exp[-v_j(n)]}{1 + \exp[-v_j(n)]} = y_j(n)[1 - y_j(n)]$。

若神经元 j 属于输出第一隐层（即 $l=1$），则有

$$y_j^{(0)}(n) = x_j(n) \tag{5-39}$$

若神经元 j 属于输出层（即 $l=L$），则有

$$y_j^{(L)}(n) = O_j(n) \tag{5-40}$$

且 $e_j(n) = d_j(n) - y_j(n)$。

（b）反向计算 δ

对输出单元：

$$\delta_j^{(l)}(n) = e_j^{(L)}(n) O_j(n)[1 - O_j(n)] \tag{5-41}$$

对隐单元：

$$\delta_j^{(l)}(n) = y_j^{(L)}(n)[1 - y_j^{(l)}(n)] \sum_k \delta_k^{(l+1)}(n) \omega_{kj}^{(l+1)}(n) \tag{5-42}$$

（c）按下式修正权值

$$\omega_{jk}^{(l)}(n+1) = \omega_{jk}^{(l)}(n) + \eta \delta_j^{(l)}(n) y_i^{l-1}(n) \tag{5-43}$$

③ $n = n+1$ 输入新的样本（或新一周期样本），直至 E_{AV} 达到预定的要求，训练时各周期中样本的输入顺序要重新随机排列。

5.3.5　BP 网络设计的注意问题

在进行 BP 网络设计时，一般应从网络的层数、每层的神经元个数和激活函数、初始权值以及学习速率等几个方面来进行考虑。

（1）网络层数的确定

理论上已经证明，具有一个隐含层的 BP 网络，能够逼近任何连续非线性函数。本书中仿真时使用的正弦信号函数就是 BP 网络可以逼近的。增加层数可以进一步降低误差，提高精度，但同时使网络复杂化，从而增加了网络权值的训练时间。精度的提高也可以通过增加隐含层中的神经元数目来获得，其训练效果也比增加层数更容易观察和调整。

（2）神经元数目的确定

输入输出层的神经元个数是根据需要求解的问题和数据所表示的方式来确定的，在设计时要尽可能地减少网络模型的规模，以便减少训练时间。而隐含层的神经元个数，则通过对不同神经元个数进行训练对比，然后适当地加上一点余量。

（3）激活函数的确定

激活函数是一个神经网络的核心。网络解决问题的能力与功效除了与网络结构有关，在很大程度上取决于网络所采用的激活函数。激活函数的基本作用是：

① 控制输入对输出的激活作用；

② 对输入、输出进行函数转换；

③ 将可能无限域的输入变换成指定的有限范围内的输出。

BP 网络的激活函数是连续可微的，可以严格利用梯度法进行推算。

书中使用的神经网络，隐含层采用正负对称的 S 型激活函数，由于它的三个输出对应 PID 控制器的三个控制参数 K_P、K_I、K_D 不能为负值，所以输出层的激活函数采用非负的 Sigmoid 激活函数。

（4）初始权值的选取

由于系统是非线性的，初始权值与学习是否达到局部最小、是否能够收敛以及训练时间的长短的关系很大。如果权值太大，使得加权后的输入落在了 S 型激活函数的饱和区，就会使调节过程几乎停顿下来。所以，一般取初始权值在（−1,1）之间的随机数。

（5）学习速率的选取

学习速率决定每一次循环训练所产生的权值变化量。在初始学习阶段，学习速率选得大些可加快学习速度；但当临近最佳点时，学习速率必须小，否则加权系数将产生振荡而不能收敛。大的学习速率会导致系统的不稳定；但小的学习速率导致较长的训练时间，收敛很慢，不过能保证网络的误差值最终趋于最小误差值。所以一般情况下，倾向于选取较小的学习速率以保证系统的稳定性，范围在 0.01～0.8 之间。

（6）BP 网络的不足及其 BP 算法的改进

BP 网络存在自身的限制和不足，主要表现是它在训练过程中的不确定性。对于一些复杂的问题，需要较长的时间来解决，但可以通过采用变化的学习速率或自适应学习速率来克服；BP 算法沿着误差表面的梯度下降，使网络误差最小，可能会陷入局部极小值，增加层数和神经元数目常常有助于达到期望误差，此外，还可采用附加动量法，跳出局部极小值。

为了加快训练速度，避免陷入局部极小值和改善其它性能，BP 网络采用改进方法，主要有两种。

① 附加动量法　附加动量法的实质是将最后一次权值变化的影响，通过一个动量因子来传递。当动量因子取 0 时，权值的变化仅是根据梯度下降法产生；当动量因子取 1 时，新的权值则是设置为最后一次权值的变化，而依梯度法产生的变化部分被忽略掉了。以此方式，当增加了动量项后，促使权值的调节向着误差曲面底部的平均方向变化，有助于使网络从误差曲面的局部极小值中跳出。

② 自适应学习速率法　采用自适应学习速率法的神经网络可以根据不同的实验阶段自动调节学习速率，使学习的效果最好。通常调节学习速率的准则是：检查权值的修正值是否真正降低了误差。如果降低，则说明所选的学习速率值小了，可以对其增加一个量；如没有降低，而产生了超调，那么就应该减小学习速率的值。

附加动量法降低了网络对误差曲面局部细节的敏感性，有效地抑制网络陷于局部极小；自适应学习速率法调整学习速率，有利于缩短学习时间。本研究中的系统控制，采用了附加动量法，仿真结果证明了这种改进的 BP 网络的有效性。

5.3.6 基于 BP 网络的自整定 PID 控制

PID 控制要取得好的控制效果，就必须调整好比例、积分和微分三种控制作用在形成控制量中相互配合又相互制约的关系，这种关系不一定是简单的"线性组合"，而是从变化无穷的组合中找出最佳的关系。而神经网络可以通过对系统性能的学习来实现具有最佳组合的 PID 控制。

经典增量式数字 PID 的控制算法为

$$u(k) = u(k-1) + \Delta u(k)$$
$$\Delta u(k) = K_P[e(k) - e(k-1)] + K_I e(k) +$$
$$K_D[e(k) - 2e(k-1) + e(k-2)] \quad (5\text{-}44)$$

BP 神经网络具有逼近任意有界连续非线性函数的能力，而且结构和学习算法简单明确。通过神经网络自身的学习，可以找到某一最优控制律下的 PID 参数。基于 BP 神经网络的 PID 控制系统结构如图 5-21 所示。

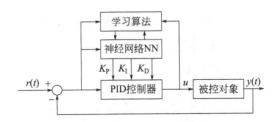

图 5-21 基于 BP 神经网络的 PID 控制系统结构图

控制器由两个部分组成：

① PID 控制器 直接对被控对象过程进行闭环控制，并且三个参数 K_P、K_I、K_D 为在线整定方式。

② 神经网络 NN 根据系统的运行状态，调节 PID 控制器的参数，以期达到某种性能指标的最优化，使得输出层神经元的输出状态对应于 PID 控制器的三个可调参数 K_P、K_I、K_D 通过神经网络的自身学习、加权系数调整，从而使其稳定状态对应于某一最优控制律下的 PID 控制器

参数。

采用三层 BP 网络，设网络有 M 个输入节点、Q 个隐层节点、3 个输出节点。输入节点对应所选系统运行状态量，如系统不同时刻的输入量和输出量等，必要时可以进行归一化处理。输出节点分别对应 PID 控制器的三个可调参数 K_P、K_I、K_D。隐含层神经元的激化函数可取正负对称的 Sigmoid 函数

$$f(x) = \tanh(x) = \frac{e^x - e^{-x}}{e^x + e^{-x}} \tag{5-45}$$

而由于 K_P、K_I、K_D 不能为负，所以输出层神经元的激化函数取非负的 Sigmoid 函数

$$g(x) = \frac{1}{2}[1 + \tanh(x)] = \frac{e^x}{e^x + e^{-x}} \tag{5-46}$$

若 BP 网络的输入为

$$o_j^{(1)} = x(j) \qquad (j = 0, 1, \cdots, M-1) \tag{5-47}$$

则网络隐含层的输入输出为

$$\left. \begin{aligned} net_i^{(2)}(k) &= \sum_{j=0}^{M} \omega_{ij}^{(2)} o_j^{(1)}(k) \\ o_i^{(2)}(k) &= f\left[net_i^{(2)}(k)\right] \quad (i = 0, 1, \cdots, Q-1) \end{aligned} \right\} \tag{5-48}$$

式中，上角标（1）、（2）、（3）分别表示输入层 j、隐含层 i 和输出层 l；$w_{ij}^{(2)}$ 表示隐含层加权系数。

网络输出层的输入输出为

$$\left. \begin{aligned} net_l^{(3)}(k) &= \sum_{i=0}^{Q-1} \omega_{li}^{(3)} o_i^{(2)}(k) \\ o_l^{(3)}(k) &= g\left[net_l^{(3)}(k)\right] (l = 0, 1, 2) \\ o_0^{(3)}(k) &= K_P \\ o_1^{(3)}(k) &= K_I \\ o_2^{(3)}(k) &= K_D \end{aligned} \right\} \tag{5-49}$$

式中，$\omega_{li}^{(3)}$ 表示输出层的加权系数。

取性能指标函数

$$E(k) = \frac{1}{2}[r(k) - y(k)]^2 \tag{5-50}$$

按照梯度下降法修正网络的加权系数，并附加一个使搜索快速收敛全局极小的惯性项，则有

$$\Delta\omega_{li}^{(3)}(k) = -\eta\frac{\partial E(k)}{\partial\omega_{li}^{(3)}} + \alpha\Delta\omega_{li}^{(3)}(k-1) \tag{5-51}$$

式中，η 为学习速率；α 为惯性系数。

由此可以推出 BP 网络输出层的加权系数计算公式

$$\left.\begin{aligned}
\Delta\omega_{li}^{(3)}(k) &= \eta\delta_l^{(3)}o_i^{(2)}(k-1) + \alpha\Delta\omega_{li}^{(3)}(k-1) \\
\delta_l^{(3)} &= e(k)\frac{\partial y(k)}{\partial u(k-1)}\times\frac{\partial u(k-1)}{\partial o_l^{(3)}(k-1)}g'\left[net_l^{(3)}(k-1)\right]
\end{aligned}\right\} \tag{5-52}$$

其中

$$\frac{\partial u(k-1)}{\partial o_l^{(3)}(k-1)} = o_j^{(1)}(k-1) \tag{5-53}$$

而由于 $\dfrac{\partial y(k)}{\partial u(k-1)}$ 未知，所以可以近似用符号函数 $\text{sgn}\left[\dfrac{\partial y(k)}{\partial u(k-1)}\right]$ 取代，由此带来计算不精确的影响可以通过调整学习速率 η 来补偿。

同样，可以求得隐含层加权系数的计算公式

$$\left.\begin{aligned}
\Delta\omega_{ij}^{(2)}(k) &= \eta\delta_i^{(2)}o_j^{(1)}(k-1) + \alpha\Delta\omega_{ij}^{(2)}(k-1) \\
\delta_i^{(2)} &= f'\left[net_i^{(2)}(k-1)\right]\sum_{l=0}^{2}\delta_l^{(3)}\omega_{li}^{(3)}(k-1)
\end{aligned}\right\} \tag{5-54}$$

式中，$g'(\cdot) = g(x)[1-g(x)]$；$f'(\cdot) = [1-f^2(x)]/2$。

由式（5-44）和式（5-49），可求得：

$$\left.\begin{aligned}
\frac{\partial\Delta u(k)}{\partial o_0^{(3)}(k)} &= e(k) - e(k-1) \\[2mm]
\frac{\partial\Delta u(k)}{\partial o_1^{(3)}(k)} &= e(k) \\[2mm]
\frac{\partial\Delta u(k)}{\partial o_2^{(3)}(k)} &= e(k) - 2e(k-1) + e(k-2)
\end{aligned}\right\} \tag{5-55}$$

基于 BP 网络的 PID 控制算法可归纳如下：

① 选定 BP 网络的结构，并给出各层加权系数的初值，选定学习速率 η 和惯性系数 α，置 $k=1$。在本项目中选定网络结构为 3-8-3；

② 采样得到 $r(k)$ 和 $y(k)$，计算 $e(k) = r(k) - y(k)$；

③ 对 $r(i)$、$y(i)$、$u(i-1)$、$e(i)(i=k,k-1,\cdots,k-p)$ 进行归一

化处理作为神经网络的输入。在本项目中输入模式选为 $o_0^{(1)} = e(k)$、$o_1^{(1)} = \sum_{i=1}^{k} e(i)$、$o_2^{(1)} = e(k) - e(k-1)$；

④ 根据式（5-48）和式（5-49）计算各层神经元的输入输出，网络的输出即为 PID 控制器的三个可调参数 $K_P(k)$、$K_I(k)$、$K_D(k)$；

⑤ 根据式（5-44）计算 PID 控制器的输出 $u(k)$ 参与控制和计算；

⑥ 由式（5-52）修正输出层的加权系数，由式（4-38）修正隐含层的加权系数；

⑦ 置 $k = k+1$，返回②。

5.3.7 阀控缸系统 BP 网络的自整定 PID 控制仿真

神经网络的实现方式呈现多样化。按实现神经网络所用材料对所有的实现方案来分类，神经网络实现分为两大类，基于传统计算机的实现方案（软件模拟）与基于直接的硬器件实现方案（硬件实现）。

硬件实现的优点是处理速度快，但由于受器件物理因素的限制，根据目前的工艺条件，网络规模不可能做得太大。软件模拟的优点是网络的规模较大，但处理速度慢，适于用来验证新的模型和复杂的网络特性。从长远来看，神经网络的硬件实现应是神经网络系统开发的"主流"，但是由于技术和经济等方面的原因，目前人们广泛采用的还是软件模拟。

MATLAB 神经网络工具箱为神经网络的实现提供了一种简单有效的途径，但其中的函数并不能实现实际中所需要的全部功能，所以存在局限性，本项目同时采用了 MATLAB 神经网络工具箱和 MATLAB 语言编程来完成神经网络的实现问题。

神经网络控制器 NNC 采用基于 BP 网络的 PID 控制，网络选为三层，结构为 3-8-3，如图 5-22 所示。输入信号有 3 个，即 $o_0^{(1)} = e(k)$、$o_1^{(1)} = \sum_{i=1}^{k} e(i)$、$o_2^{(1)} = e(k) - e(k-1)$；输出节点有 3 个，分别对应 PID 控制器的三个可调参数 K_P、K_I、K_D。学习速率 $\eta = 0.28$ 和惯性系数 $\alpha = 0.04$，加权系数取区间 $[-0.5, 0.5]$ 上的随机数。输入正弦信号，得到仿真结果如图 5-23 所示。

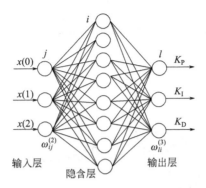

图 5-22　用于控制的 BP 网络结构图

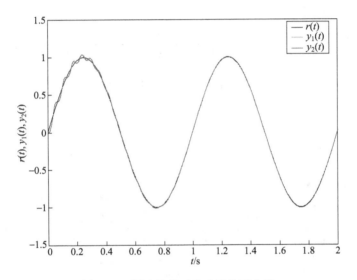

图 5-23　同步控制正弦响应仿真曲线

　　图 5-23 是同步控制仿真图，图中有三条曲线，分别为标准正弦曲线和两只油缸的跟踪曲线。从仿真曲线看，两油缸的跟踪误差经过初期的调整，逐渐减小；无论是两油缸各自的跟踪性能，还是两油缸的同步性能都达到了较高的精度，这表明系统具有良好自适应能力，且控制精度较高，解决了液压系统自身的非线性问题。

　　图 5-24 和图 5-26 是两油缸各自的跟踪误差曲线，图 5-25 和图 5-27 是两油缸各自的 K_P、K_I 和 K_D 自整定曲线。

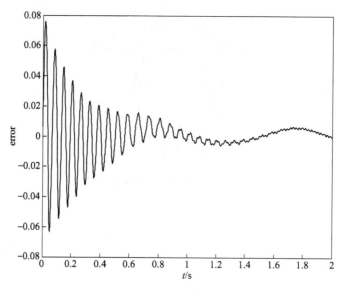

图 5-24　油缸 1 跟踪误差曲线

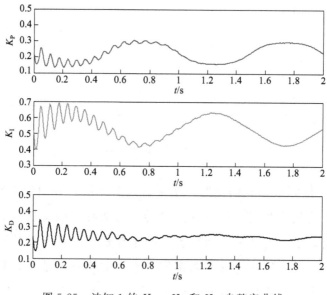

图 5-25　油缸 1 的 K_P、K_I 和 K_D 自整定曲线

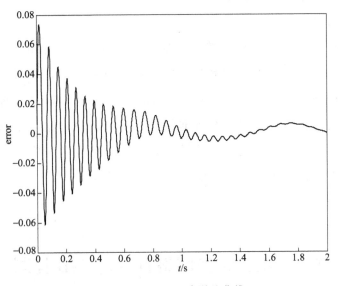

图 5-26　油缸 2 跟踪误差曲线

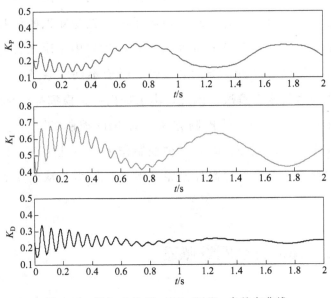

图 5-27　油缸 2 的 K_P、K_I 和 K_D 自整定曲线

从仿真结果可以看出，在神经网络自整定 PID 控制下，PID 控制参数能根据工况的变化过程中偏差和偏差变化自动进行参数调整，使得阀控缸同步系统取得了良好同步精度，有较好的抗干扰能力，适应于非线

性、时变、强干扰的不确定复杂系统，证明了神经网络自整定 PID 控制方法的有效性。

由于传统的 PID 控制器难以克服液压系统普遍存在的非线性问题，使得其难以获得良好的控制效果。本章通过引入具有自学习和自适应能力的神经网络控制，给出了一种基于 BP 网络的自整定 PID 控制器，提高了系统的鲁棒性，克服了系统非线性的影响。通过输入正弦信号进行仿真，得到了非常理想的仿真效果，证明了神经网络自整定 PID 控制方法的有效性，得到了一种很有价值的控制方案。

5.4 模糊神经网络自整定 PID 控制

模糊系统和神经网络控制作为智能控制领域内的两个分支，有各自的基本特征和应用范围。为了减小控制系统对先验知识的依赖性，增强控制系统的学习能力以提高控制系统对运行过程中工况条件变化时的适应能力，针对阀控缸对象一类的非线性、时变不确定系统，可以考虑采用模糊神经网络技术来解决。因此，本书提出一种模糊神经网络（Fuzzy Neural Network，FNN）的控制方法，对 PID 控制的三个参数进行整定，以期寻找比例、积分、微分三种控制作用的最佳组合，以进一步改善阀控缸控制系统性能、提高控制系统的适应能力，从而达到良好的控制效果。

5.4.1 模糊神经网络概述

模糊神经网络是一种集模糊逻辑推理的强大结构性知识表达能力与神经网络的强大自学习能力于一体的新技术，它是模糊逻辑推理与神经网络有机结合的产物。模糊神经网络主要是指利用神经网络结构来实现模糊逻辑推理，从而使传统神经网络没有明确物理含义的权值被赋予了模糊逻辑中推理参数的物理含义。

模糊控制在处理和解决问题时所依据的不是精确的数学模型，它的优点在于它的逻辑性和透明性上，它是依据一些由人们归纳出来的描述各种因素之间相互联系的模糊性语言经验规则，并将这些经验规则上升为简单的数值运算以便让机器代替人在相应问题面前具体地实现这些规则。这些经验规则的形成，往往不是基于对各种因素之间的关系的定量而进行的严格的数学分析，而是基于对它们所进行的定性的大致精确的观察和总结。但是，模糊系统必须包括人为选定的模糊隶属度函数的模糊化过程和采用适当方法的模糊规则的推理过程，每一过程对系统的执行性能都有影响，而且模糊系统中模糊规则的前提和结论部分通常都是模糊子集，解模糊也是一项复杂的工作。模糊系统输入/输出关系式是高度非线性的，要想得到一个满意的输入/输出关系式，在众多需要调节的参数面前，再有经验的专家也难以胜任。

而神经网络在处理和解决问题时也不需要对象的精确数学模型，它的最大益处在于它善于对网络参数自适应学习，并且具有并行处理及泛化能力。神经网络通过其结构的可变性，能逐步适应外部环境的各种因素的作用，不断地挖掘出研究对象之间的因果联系，以达到最终的解决问题的目的。这种因果联系，不是表现为一种精确的数学解析式描述，而是直接表现为一种粗略的输入/输出值描述。

基于上述模糊控制系统和神经网络各自的特点，人们自然而然地将模糊逻辑和神经网络结合成一个系统进行研究，并称其为模糊神经网络或模糊神经系统。通过神经网络实现的模糊逻辑系统结构具有了模糊逻辑推理功能，同时网络的权值也具有明确的模糊逻辑意义，从而达到以神经网络和模糊逻辑各自的优点弥补对方不足的目的。目前神经网络与模糊技术的融合方式大致有下列三种。

（1）神经元与模糊模型　该模型是以模糊控制为主体，应用神经网络，实现模糊控制的决策过程，以模糊控制方法为"样本"，对神经网络进行离线训练学习。"样本"就是学习的"教师"。所以样本学习完以后，这个神经网络就是一个聪明、灵活的模糊规则表，具有自学习、自适应功能。其框图如图 5-28 所示。

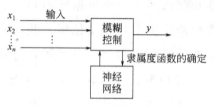

图 5-28　神经元与模糊模型框图

（2）模糊与神经模型　该模型以神经网络为主体，将输入空间分割成若干不同形式的模糊推论组合，对系统先进行模糊逻辑判断，以模糊控制器输出为神经网络的输入。后者具有自学习的智能控制特点。其框图如图 5-29 所示。

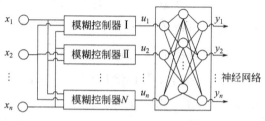

图 5-29　模糊与神经模型框图

（3）神经与模糊模型　该模型是根据输入量的不同性质分别由神经网络与模糊控制并行直接处理输入信息，直接用于被控对象。更能发挥各自的控制特点。其框图如图 5-30 所示。

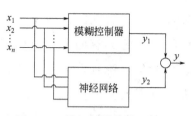

图 5-30　神经与模糊模型框图

5.4.2　模糊神经网络控制原理

近年来，多层前馈网络被广泛地应用于非线性系统静态与动态的近似描述，这些网络具有充分的近似性。在应用中，用来训练网络使其接近给定映射的数据，通常是在输入/输出空间中，用点来表示这些输入/输出的数值样本，并用网络来实现这些映射。因此，从本质上讲，这种映射也可以认为是一种点-点之间的映射。这种映射的特征，在很大程度上决定于神经网络输入/输出之间的编码规律。因此，神经网络可以认为是模糊逻辑控制的一种实现。它不仅能够存储和执行大量的各自独立的规则，而且还具有并行实现依赖于各种控制规则的模糊运算能力。

具有一个隐含层的多层前馈网络的结构如图 5-31 所示。网络中每一个节点的总输入是它所有输入的加权和，每一个节点的传递函数可用 Sigmoid 非线性函数来表示。假设：$X_k = [x_{0k}, x_{1k}, \cdots, x_{nk}]$，$x_{0k} = 1$ 是网络第 k 个输入的样本，则第 j 个隐含层节点的输出 Z_{jk} 可以表示为

$$Z_{jk} = \phi\left(\sum_{i=1}^{n} \omega_{ij} x_{ik}\right) \tag{5-56}$$

式中　ω_{ij}——第 i 个输入单元和第 j 个隐层单元的连接权值；

　　$\phi(\cdot)$——Sigmoid 函数。

Sigmoid 函数定义为

$$\phi(v) = \frac{1}{1 + e^{-v}} \tag{5-57}$$

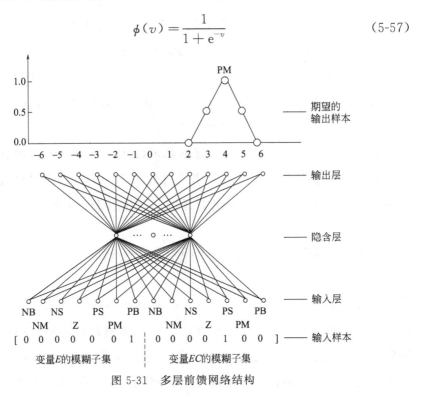

图 5-31　多层前馈网络结构

隐层单元的输出又作为输出层单元的输入。当网络接受输入样本以后，就向前传播，生成输出信号：$Y_k = [y_{1k}, y_{2k}, \cdots, y_{mk}]$，网络可以通过训练后，使一组给定输入映射到一组目标输出：$D_k = [d_{1k}, d_{2k}, \cdots, d_{nk}]$，这种训练是通过修正权值使输出平方误差最小来实现的。

为了训练网络来建立模糊关系，借助于数值样本来表示输入/输出模糊子集。设两个输入变量分别为 E 和 EC，一个输出变量为 U，模糊规则由模糊控制规则表给出。

网络输入空间对应于变量 E 和 EC 被划分为两个部分。由于网络的每一个单元都对应于输入变量的某一个模糊子集，所以每一个输入变量都有 7 个输入单元与其 7 个模糊子集相对应，网络的输入信号格式为：

$$[\mu_{\text{NB}}(e), \mu_{\text{NM}}(e), \cdots, \mu_{\text{PB}}(e); \mu_{\text{NB}}(ec), \mu_{\text{NM}}(ec), \cdots, \mu_{\text{PB}}(ec)]$$

而网络的每一个输出单元都对应着输出变量空间中的一个量化值，因此，输出的模糊子集 Y_k 就可以用量化空间上的隶属度函数来表示，其输出信号格式为：

$$[\mu_y(u_1), \mu_y(u_2), \cdots, \mu_y(u_{m-1}), \mu_y(u_m)]$$

将控制变量分为 13 挡，由上述定义可知，对于模糊控制规则："若 E 是 PB 且 EC 是 PS 则 U 为 PM"的输入信号可表示为：$[0, 0, 0, 0, 0, 1, 0, 0, 0, 0, 1, 0, 0]$，其中 $\mu_{\text{PB}}(e) = 1.0$，$\mu_{\text{PS}}(ec) = 1.0$，其余均为 0；输出信号为：$[0, 0, 0, 0, 0, 0, 0, 0, 0, 0.5, 1.0, 0.5, 0]$；其中，$\mu_{\text{PM}}(3) = 0.5$，$\mu_{\text{PM}}(4) = 1$，$\mu_{\text{PM}}(5) = 0.5$，其余均为 0。

由此可见，所有的模糊控制规则都可以用一系列输入输出数字信号来表示。误差反向传播算法用于神经网络训练，使输入信号对应于期望的输出值。因此，经过训练后的神经网络就相当于一个模糊关系存储器。

5.4.3 模糊 RBF 网络控制器的设计

在各种神经网络方法中，径向基函数（Radial Basis Function，RBF）是一种简单而应用广泛的方法。径向基函数神经网络由于其结构简单、算法简便，被广泛地用于函数逼近、系统识别、时间序列预测、语音识别、自动控制、数据挖掘等许多领域。它不仅解决了神经网络非线性的问题，而且能将训练样本的信息系统储存在隐藏层神经元中，且可使用简单的矩阵运算来计算网络输出加权值，不需要在训练之前设定大批参数的值，只要适当地决定训练停止条件即可。

输入层由信号源节点组成，传递信号到隐含层；第 2 层为隐含层，隐含层节点的变换函数是对中心点径向对称且衰减的非负非线性函数；第 3 层为输出层，一般是简单的线性函数，对输入模式作出响应。径向基函数神经网络由 3 层组成，结构如图 5-32 所示。

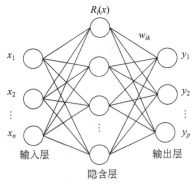

图 5-32　RBF 网络结构

隐含层节点中的基函数一般采用高斯函数

$$R_i(x) = \exp\left[-\frac{\|x - c_i\|^2}{2\sigma_i^2}\right], i = 1, 2, \cdots, m \tag{5-58}$$

式中，x 是 n 维输入向量；c_i 是第 i 个基函数的中心，与 x 具有相同维数的向量，是第 i 个感知的变量（可以自由选择的参数），它决定了该基函数围绕中心点的宽度；m 是感知单元的个数。$\|x - c_i\|$ 是向量 $x - c_i$ 的范数，它通常表示 x 和 c_i 之间的距离，$R_i(x)$ 在 c_i 处有一个唯一的最大值，随着 $\|x - c_i\|$ 的增大，$R_i(x)$ 迅速衰减到 0。对于给定的输入 $x \in R^n$，只有一小部分靠近 x 的中心被激活。

从图 5-32 可以看出，输入层实现从 x 到 $R_i(x)$ 的非线性映射，输出层实现从 $R_i(x)$ 到 y_k 的线性映射，即

$$y_k = \sum_{i=1}^{m} \omega_{ik} R_i(x), k = 1, 2, \cdots, p \tag{5-59}$$

式中，p 为输出节点数。

在径向基函数神经网络的学习算法中，如何确定神经网络的结构是学习算法的重要问题。网络规模过小，不能充分学习样本数据；而网络规模过大，则容易出现过度拟和现象和泛化能力降低。与上节内容讲述的 BP 网络一样，RBF 网络可以用来进行函数逼近，但训练 RBF 网络要比训练 BP 网络所花费的时间要少得多，而且 RBF 网络更容易逼近函数的局部特性，这是该网络最突出的优点。另外，RBF 网络在功能上于模糊系统有一定的联系，这为我们更好地设计出模糊系统提供了一个新的思路。

5.4.4　模糊 RBF 神经网络（FNN）的结构

如图 5-33 所示是一个四层的模糊 RBF 神经网络的结构图。它包括输入层（i 层），模糊化层（j 层），模糊推理层（k 层）和输出层（O 层）。输入层的节点表示各个输入语言变量，模糊化层的节点表示隶属度函数，模糊推理层的所有节点形成一个模糊推理规则库。模糊 RBF 网络中信号传播和各层的功能表示如下。

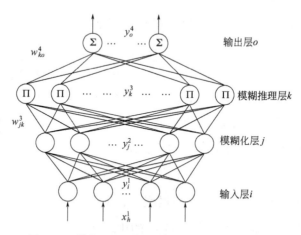

图 5-33　模糊 RBF 神经网络（FNN）的结构图

① 第一层：输入层　输入层的各个节点直接与输入量的各个分量连接，将输入直接传输到下一层，输入等于输出。该层的每个节点的输入输出表示为

$$net_i^1 = x_h^1, y_i^1 = f_i^1(net_i^1) = net_i^1 \tag{5-60}$$

式中，x_h^1 表示输入层第 i 个节点的输入值。

② 第二层：模糊化层　这一层的每一个节点都表示一个隶属度函数，这里采用高斯型函数作为隶属度函数。

$$net_j^2 = -\frac{(x_i^2 - m_{ij})^2}{(\sigma_{ij})^2} \tag{5-61}$$

$$y_j^2 = f_j^2(net_j^2) = \exp(net_j^2)$$

式中，m_{ij} 和 σ_{ij} 分别是第 i 个输入语言变量第 j 个模糊集合的隶属度函数的均值和标准差。

③ 第三层：模糊推理层　该层的节点 k 的输出为该节点所有输入信号的乘积。模糊推理层通过与模糊化层的连接来完成模糊规则的匹配，各个节点之间实现模糊运算，即通过各个模糊节点的组合得到相应的点火强度。

$$net_j^3 = \prod_j \omega_{jk}^3 x_j^3, j_k^3 = f_k^3(net_j^3) = net_k^3 \tag{5-62}$$

式中，x_j^3 是第三层第 j 个节点输入；ω_{jk}^3 是该层的网络权值。

④ 第四层 输出层　该层的节点 O 的输出为该节点所有输入的和。

$$net_o^4 = \sum_k \omega_{ko}^4 x_k^4, j_o^4 = f_o^4(net_o^4) = net_o^4 \tag{5-63}$$

式中，ω_{ko}^4 为该层的网络权值，与第 k 条模糊推理规则相对应；x_k^4 为该层第 k 个节点的输入值；j_o^4 为模糊神经网络的输出。

5.4.5　FNN 学习规则

FNN 学习规则：Delta 规则（或称误差纠正学习规则），它的关键在于如何持续获得一个梯度向量，而梯度向量的每一个元素都是 FNN 的能量函数的导数，这里采用反向传播算法。

能量方程 E 定义为

$$E = \frac{1}{2}(x_{m1} - x_{p1})^2 = \frac{1}{2}e^2 \tag{5-64}$$

式中，x_{m1} 和 x_{p1} 分别表示期望输出和实际输出；e 表示期望输出和实际输出之间的误差。

第四层，反向传播的误差计算为

$$\delta_o^4 = -\frac{\partial E}{\partial net_o^4} = \left[-\frac{\partial E}{\partial e} \times \frac{\partial e}{\partial net_o^4} \right] = \left[-\frac{\partial E}{\partial e} \times \frac{\partial e}{\partial x_{p1}} \times \frac{\partial x_{p1}}{\partial net_o^4} \right]$$

$$(5\text{-}65)$$

式中，$\dfrac{\partial E}{\partial e} = e$；$\dfrac{\partial e}{\partial x_{p1}} = -1$；$\dfrac{\partial x_{p1}}{\partial net_o^4} = f_o^{4'}(net_o^4)$。

根据梯度下降算法，权值的修正计算公式为

$$\Delta \omega_{ko}^4 = -\eta_\omega \frac{\partial E}{\partial \omega_{ko}^4} = \left[-\eta_\omega \frac{\partial E}{\partial y_o^4} \right] \left(\frac{\partial y_o^4}{\partial net_o^4} \times \frac{\partial net_o^4}{\partial \omega_{ko}^4} \right) = \eta_\omega \delta_o^4 x_k^4 \quad (5\text{-}66)$$

则输出层的权值更新公式为

$$\omega_{ko}^4(N+1) = \omega_{ko}^4(N) + \Delta \omega_{ko}^4 \qquad (5\text{-}67)$$

式中，η_ω 为权值的学习速率；N 为网络的迭代次数。

第三层，该层的权值都是 1，因此要计算和反传的误差项为

$$\delta_k^3 = -\frac{\partial E}{\partial net_k^3} = \left[-\frac{\partial E}{\partial y_o^4} \right] \left(-\frac{\partial y_o^4}{\partial net_o^4} \times \frac{\partial net_o^4}{\partial y_k^3} \times \frac{\partial y_k^3}{\partial net_k^3} \right) = \delta_o^4 \omega_{ko}^4$$

$$(5\text{-}68)$$

第二层，误差项的计算为

$$\delta_j^2 = \frac{\partial E}{\partial net_j^2} = \left[-\frac{\partial E}{\partial y_o^4} \times \frac{\partial y_o^4}{\partial net_o^4} \times \frac{\partial net_o^4}{\partial y_k^3} \times \frac{\partial y_k^3}{\partial net_k^3} \right] \left[\frac{\partial net_k^3}{\partial y_j^2} \times \frac{\partial y_j^2}{\partial net_j^2} \right] = \sum_k \delta_k^3 y_k^3$$

$$(5\text{-}69)$$

m_{ij} 的更新算法为

$$\Delta m_{ij} = -\eta_m \frac{\partial E}{\partial m_{ij}} = \left[-\eta_m \frac{\partial E}{\partial y_j^2} \times \frac{\partial y_j^2}{\partial net_j^2} \times \frac{\partial net_j^2}{\partial m_{ij}} \right] = \eta_m \delta_j^2 \frac{2(x_i^2 - m_{ij})}{(\sigma_{ij})^2}$$

$$(5\text{-}70)$$

σ_{ij} 的更新算法为

$$\Delta \sigma_{ij} = -\eta_\sigma \frac{\partial E}{\partial \sigma_{ij}} = \left[-\eta_\sigma \frac{\partial E}{\partial y_j^2} \times \frac{\partial y_j^2}{\partial net_j^2} \times \frac{\partial net_j^2}{\partial \sigma_{ij}} \right] = \eta_\sigma \delta_j^2 \frac{2(x_i^2 - m_{ij})}{(\sigma_{ij})^3}$$

$$(5\text{-}71)$$

则模糊化层的均值和标准差的更新为

$$m_{ij}(N+1) = m_{ij}(N) + \Delta m_{ij} \qquad (5\text{-}72)$$

$$\sigma_{ij}(N+1) = \sigma_{ij}(N) + \Delta \sigma_{ij} \qquad (5\text{-}73)$$

式中，η_m 和 η_σ 分别为高斯函数当中均值和标准差的学习速率。

尽管 Jacobian 阵可以通过 FNN 辨识器来进行计算，但计算量比较大。为了减小计算量，提高在线学习速率，这里应用一种 Delta 自适应规则：

$$\delta_o^4 \cong (x_{m1} - x_{p1}) + (x_{m2} - x_{p2}) = e + ec \tag{5-74}$$

式中，x_{m2} 和 x_{p2} 分别表示 x_{m1} 和 x_{p1} 的导数；e 和 ec 分别表示期望输出与实际输出之间的误差和误差变化。

5.4.6　FNN 收敛性分析

学习速率 η 数值的选择对于网络性能的影响是十分明显的。为了有效地对 FNN 进行训练，根据李雅普诺夫（Lyapunov）的系统稳定性判定方法，下面给出了三种不同的学习速率，以保证输出误差的收敛性。

（1）令 η_ω 为 FNN 权值的学习速率，$P_\omega(N) = \dfrac{\partial y_o^4}{\partial \omega_{ko}^4}$，$P_{\omega\max}(N) = \max_N \| P_\omega(N) \|$。

假如 $\eta_\omega = \lambda/(P_{\omega\max}^2) = \lambda/R_u$，$\lambda$ 为常数，R_u 为 FNN 模糊推理层的规则数量。

$$P_\omega(N) = \frac{\partial y_o^4}{\partial \omega_{ko}^4} = x_k^4 \tag{5-75}$$

$$\| P_\omega(N) \| < \sqrt{R_u} \tag{5-76}$$

则可定义一个离散李雅普诺夫函数为

$$V(N) = \frac{1}{2} e^2(N) \tag{5-77}$$

$$\Delta V(N) = V(N+1) - V(N) = \frac{1}{2} \left[e^2(N+1) - e^2(N) \right] \tag{5-78}$$

$$e(N+1) = e(N) + \Delta e(N) = e(N) + \left[\frac{\partial e(N)}{\partial \omega_{ko}^4} \right]^{\mathrm{T}} \Delta \omega_{ko}^4 \tag{5-79}$$

式中，$\Delta \omega_{ko}^4$ 为输出层权值变化量。

由式（5-65）、式（5-66）、式（5-79）得

$$\frac{\partial e(N)}{\partial \omega_{ko}^4} = \frac{\partial e(N)}{\partial y_o^4} \times \frac{\partial y_o^4}{\partial \omega_{ko}^4} = -\frac{\delta_o^4}{e(N)} P_\omega(N) \tag{5-80}$$

$$e(N+1) = e(N) - \left[\frac{\delta_o^4}{e(N)} P_\omega(N)\right]^{\mathrm{T}} \eta_\omega \delta_o^4 P_\omega(N) \tag{5-81}$$

$$\| e(N+1) \| = \left\| e(N)\left[1 - \eta_\omega \left(\frac{\delta_o^4}{e(N)}\right)^2 P_\omega^{\mathrm{T}}(N) P_\omega(N)\right] \right\|$$

$$\leqslant \| e(N) \| \left\| 1 - \eta_\omega \left(\frac{\delta_o^4}{e(N)}\right)^2 P_\omega^{\mathrm{T}}(N) P_\omega(N) \right\| \tag{5-82}$$

若 $\eta_\omega = \lambda / (P_{\omega\max}^2) = \lambda / R_{\mathrm{u}}$，式（5-82）中的 $\left\| 1 - \eta_\omega \left(\frac{\delta_o^4}{e(N)}\right)^2 P_\omega^{\mathrm{T}}(N)\right.$

$\left. P_\omega(N) \right\| < 1$，则 $V > 0$ 和 $\Delta V < 0$，即可保证 Lyapunov 的稳定性，当 $t \to \infty$ 时，参考模型与实际输出之间的误差将收敛于 0。

（2）令 $p(z) = z e^{(-z^2)}$，$|p(z)| < 1$，$\forall z \in R$，$q(z) = z^2 e^{(-z^2)}$，$|q(z)| < 1$，$\forall z \in R$；且 η_{m}、η_σ 分别为 FNN 高斯隶属度函数均值和标准差的学习速率参数，$P_{\mathrm{mmax}} = \max_N \| P_{\mathrm{m}}(N) \|$，$P_{\mathrm{m}}(N) = \frac{\partial y_0^4}{\partial m_{ij}}$，$P_{\sigma\max} = \max_N \| P_\sigma(N) \|$，$P_\sigma(N) = \frac{\partial y_0^4}{\partial \sigma_{ij}}$，若 $\eta_{\mathrm{m}} = \eta_\sigma = \eta_\omega \left[| \omega_{ko\max}^4 | \right.$ $\left. \left(\frac{2}{\sigma_{ij\min}}\right) \right]^{-2}$，式中 $\eta_\sigma = \frac{\lambda}{R_{\mathrm{u}}}$，$\lambda$ 为正值常数增益，$\omega_{ko\max}^4 = \max_N [\omega_{ko\max}^4(N)]$，$\omega_{ij\min}^4 = \max_N [\sigma_{ij}(N)]$，那么就可以保证收敛。

根据前面的分析，$\left| \frac{x_i^2 - m_{ij}}{\sigma_{ij}} \exp\left[\left(\frac{x_i^2 - m_{ij}}{\sigma_{ij}}\right)^2\right] \right| < 1$，且由于

$$P_{\mathrm{m}}(N) = \frac{\partial y_o^4(N)}{\partial m_{ij}} = \omega_{ko}^4 \left(\frac{\partial y_k^3}{\partial net_k^3} \times \frac{\partial net_k^3}{\partial y_j^2} \times \frac{\partial y_j^2}{\partial m_{ij}}\right) = \omega_{ko}^4 \frac{\partial y_j^2}{\partial m_{ij}}$$

$$< \omega_{ko}^4 \left[\max\left(\frac{\partial y_j^2}{\partial m_{ij}}\right)\right] = \omega_{ko}^4 \left[\max\left(\frac{\partial y_j^2}{\partial net_j^2} \times \frac{\partial net_j^2}{\partial m_{ij}}\right)\right]$$

$$= \omega_{ko}^4 \left\{\max\left(\frac{2}{\sigma_{ij}} \times \frac{x_i^2 - m_{ij}}{\sigma_{ij}}\right) \exp\left[-\left(\frac{x_i^2 - m_{ij}}{\sigma_{ij}}\right)^2\right]\right\}$$

$$< \omega_{ko}^4 \left[\max\left(\frac{2}{\sigma_{ij}}\right)\right] = \omega_{ko}^4 \left(\frac{2}{\sigma_{ij\min}}\right) \tag{5-83}$$

因此

$$\| P_{\mathrm{m}}(N) \| < \sqrt{R_{\mathrm{u}}} \mid \omega_{ko\max}^4 \mid \frac{2}{\sigma_{ij\min}} \tag{5-84}$$

误差变化可以通过下式计算

$$e(N+1) = e(N) + \Delta e(N) = e(N) + \left[\frac{\partial e(N)}{\partial m_{ij}} \right] \Delta m_{ij} \tag{5-85}$$

式中，Δm_{ij} 为模糊化层高斯函数的均值变化量。

由式（5-65）、式（5-70）和式（5-85）可得

$$\frac{\partial e(N)}{\partial m_{ij}} = \frac{\partial e(N)}{\partial y_o^4} \times \frac{\partial y_o^4}{\partial m_{ij}} = -\frac{\delta_o^4}{e(N)} P_{\mathrm{m}}(N) \tag{5-86}$$

$$e(N+1) = e(N) - \left[\frac{\delta_o^4}{e(N)} P_{\mathrm{m}}(N) \right]^{\mathrm{T}} \eta_{\mathrm{m}} \delta_o^4 P_{\mathrm{m}}(N) \tag{5-87}$$

则

$$\| e(N+1) \| = \left\| e(N) \left[1 - \eta_{\mathrm{m}} \left(\frac{\delta_o^4}{e(N)} \right)^2 P_{\mathrm{m}}^{\mathrm{T}}(N) P_{\mathrm{m}}(N) \right] \right\|$$

$$\leqslant \| e(N) \| \left\| 1 - \eta_{\mathrm{m}} \left(\frac{\delta_o^4}{e(N)} \right)^2 P_{\mathrm{m}}^{\mathrm{T}}(N) P_{\mathrm{m}}(N) \right\| \tag{5-88}$$

若 $\eta_{\mathrm{m}} = \dfrac{\lambda}{P_{\mathrm{mmax}}^2} = \dfrac{\lambda}{R_{\mathrm{u}}} \left[\mid \omega_{ko\max}^4 \mid \left(\dfrac{2}{\sigma_{ij\min}} \right) \right]^{-2} = \eta_{\omega} \left[\mid \omega_{ko\max}^4 \mid \left(\dfrac{2}{\sigma_{ij\min}} \right) \right]^{-2}$，且

$\left\| 1 - \eta_{\mathrm{m}} \left(\dfrac{\delta_o^4}{e(N)} \right)^2 P_{\mathrm{m}}^{\mathrm{T}}(N) P_{\mathrm{m}}(N) \right\| < 1$，则式（5-78）、式（5-79）中

$V > 0$ 和 $\Delta V < 0$，Lyapunov 稳定性即可保证，当 $t \to \infty$ 时，参考模型与实际输出之间的误差将收敛于 0。

根据上文中 $\left| \dfrac{x_i^2 - m_{ij}}{\sigma_{ij}} \exp \left[\left(\dfrac{x_i^2 - m_{ij}}{\sigma_{ij}} \right)^2 \right] \right| < 1$，且由于

$$P_\sigma(N) = \frac{\partial y_o^4(N)}{\partial \sigma_{ij}} = \omega_{ko}^4 \left(\frac{\partial y_k^3}{\partial net_k^3} \times \frac{\partial net_k^3}{\partial y_j^2} \times \frac{\partial y_j^2}{\partial \sigma_{ij}} \right) = \omega_{ko}^4 \frac{\partial y_j^2}{\partial \sigma_{ij}}$$

$$< \omega_{ko}^4 \left[\max \left(\frac{\partial y_j^2}{\partial \sigma_{ij}} \right) \right] = \omega_{ko}^4 \left[\max \left(\frac{\partial y_j^2}{\partial net_j^2} \times \frac{\partial net_j^2}{\partial \sigma_{ij}} \right) \right]$$

$$= \omega_{ko}^4 \left\{ \max \left(\frac{2}{\sigma_{ij}} \frac{x_i^2 - m_{ij}}{\sigma_{ij}} \right)^2 \exp \left[- \left(\frac{x_i^2 - m_{ij}}{\sigma_{ij}} \right)^2 \right] \right\}$$

$$< \omega_{ko}^4 \left[\max \left(\frac{2}{\sigma_{ij}} \right) \right] = \omega_{ko}^4 \left(\frac{2}{\sigma_{ij\min}} \right) \tag{5-89}$$

因此

$$\| P_\sigma(N) \| < \sqrt{R_u} \mid \omega^4_{ko\max} \mid \frac{2}{\sigma_{ij\min}} \tag{5-90}$$

误差变化可以通过下式计算

$$e(N+1) = e(N) + \Delta e(N) = e(N) + \left[\frac{\partial e(N)}{\partial \sigma_{ij}} \right] \Delta \sigma_{ij} \tag{5-91}$$

式中，$\Delta \sigma_{ij}$ 为模糊化层高斯函数的标准差变化量。

由式（5-65）、式（5-81）和式（5-91）可得

$$\frac{\partial e(N)}{\partial \sigma_{ij}} = \frac{\partial e(N)}{\partial y^4_o} \times \frac{\partial y^4_o}{\partial \sigma_{ij}} = -\frac{\delta^4_o}{e(N)} P_\sigma(N) \tag{5-92}$$

$$e(N+1) = e(N) - \left[\frac{\delta^4_o}{e(N)} P_\sigma(N) \right]^T \eta_\sigma \delta^4_o P_\sigma(N) \tag{5-93}$$

则

$$\| e(N+1) \| = \left\| e(N) \left[1 - \eta_\sigma \left(\frac{\delta^4_o}{e(N)} \right)^2 P^T_\sigma(N) P_\sigma(N) \right] \right\|$$

$$\leqslant \| e(N) \| \left\| 1 - \eta_\sigma \left(\frac{\delta^4_o}{e(N)} \right)^2 P^T_\sigma(N) P_\sigma(N) \right\| \tag{5-94}$$

若 $\eta_\sigma = \dfrac{\lambda}{P^2_{\sigma\max}} = \dfrac{\lambda}{R_u} \left[\mid \omega^4_{ko\max} \mid \left(\dfrac{2}{\sigma_{ij\min}} \right) \right]^{-2} = \eta_\omega \left[\mid \omega^4_{ko\max} \mid \left(\dfrac{2}{\sigma_{ij\min}} \right) \right]^{-2}$，

$\left\| 1 - \eta_\sigma \left(\dfrac{\delta^4_o}{e(N)} \right)^2 P^T_\sigma (N) P_\sigma (N) \right\|$，则式（5-78）、式（5-79）中 V >0 和 ΔV <0，Lyapunov 稳定性即可保证，当 $t \to \infty$ 时，参考模型与实际输出之间的误差将收敛于 0。

5.4.7　模糊 RBF 网络自整定 PID

如图 5-34 所示的模糊 RBF 网络自整定 PID 控制是在上文模糊 RBF 网络控制器的基础上建立的，根据阀控缸系统的特性和控制要求，以及上文中模糊 RBF 神经网络，选取自整定模糊 RBF 神经网络结构为 2-5-5-3 的形式。输入信号为两个，即期望输出与实际输出之间的误差 e 和误差变化 ec，针对每个输入取 5 个模糊集进行模糊化。输出层由 3 个节点构成，输出的 3 个结果为 K_P、K_I、K_D 的整定结果。

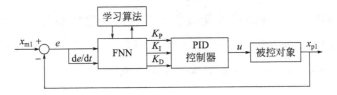

图 5-34　模糊 RBF 网络自整定 PID 控制原理框图

采用增量式 PID 控制算法

$$u(N) = u(N-1) + \Delta u(N) \tag{5-95}$$

控制器为

$$\Delta u(k) = y_o^4 \circ xc = f_o^4(net_o^4) \circ xc = K_P xc(1) + K_I xc(2) + K_D xc(3) \tag{5-96}$$

其中，N 为网络的迭代次数，

$$K_P = f_o(1), K_I = f_o(2), K_D = f_o(3)$$

$$xc(1) = e(N)$$

$$xc(2) = e(N) - e(N-1)$$

$$xc(3) = \Delta^2 e(N) = e(N) - 2e(N-1) + e(N-2)$$

根据上文 FNN 的学习规则中定义的能量方程（5-64）和权值修正公式（5-67）进行计算。若考虑到动量因子，则输出层的权值为：

$$\omega_{ko}^4(N+1) = \omega_{ko}^4(N) + \Delta\omega_{ko}^4 + \alpha[\omega_{ko}^4(N) - \omega_{ko}^4(N-1)] \tag{5-97}$$

式中，α 为学习动量因子。

仿真过程中网络的权值及隶属度函数参数初值通过试验得到，网络学习参数 $\eta = 0.2$，$\alpha = 0.02$。

5.4.8　仿真结果

在 MATLAB 神经网络工具箱中，神经网络对象是一个非常重要的概念。工具箱设计者在神经网络对象中封装了网络结构、网络权值和阈值以及训练函数等所有重要的网络属性，当建立一个神经网络对象后，只要设置好网络属性就可以方便地使网络按期望进行训练和工作，而不必再编写冗长的程序语句，从而大大提高了神经网络系统的设计与分析效率。MATLAB 神经网络工具箱 4.0 版本是 Mathworks 公司最新推出的 MATLAB6.X 高性能可视化数值计算软件的组成部分。它主要针对神经网络系统的分析与设计，提供了大量可供直接调用的工具箱函数、图形用户界面和 Simulink 仿真工具，是进行神经网络系统分析与设计的绝佳工具。

MATLAB 神经网络工具箱为神经网络的实现提供了一种简单有效的途径，但其中的函数并不能实现实际所需要的全部功能，所以存在局限性，本书同时采用了 MATLAB 神经网络工具箱和 MATLAB 语言编程来完成神经网络的实现问题。输入阶跃响应信号和正弦信号，运行程序，得到仿真结果如图 5-35～图 5-45 所示。

图 5-35 和图 5-41 是阶跃信号、正弦信号同步控制仿真图，图中各有三条曲线，分别为标准输入曲线和两支油缸的跟踪曲线。从图中曲线的跟踪和波动情况可以看出，控制器能够更好地克服外负载扰动对阀控缸系统的影响，取得了比较满意的控制效果。图 5-37、图 5-39、图 5-42、图 5-44 是两支油缸各自的跟踪误差曲线，图 5-38、图 5-40、图 5-43、图 5-45 是两只油缸各自的 K_P、K_I、和 K_D 自整定曲线。

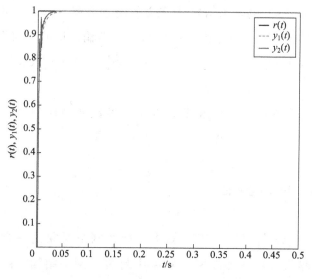

图 5-35　同步控制阶跃响应仿真曲线

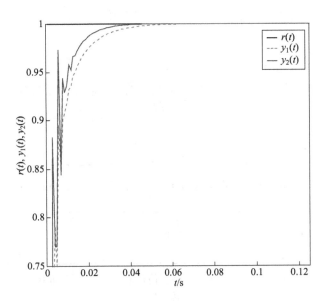

图 5-36　同步控制阶跃响应仿真曲线局部放大图

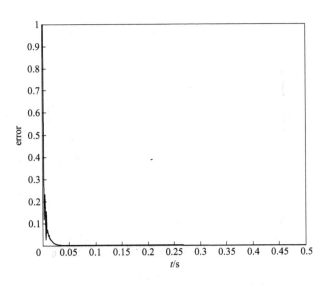

图 5-37　油缸 1 跟踪误差曲线（阶跃响应）

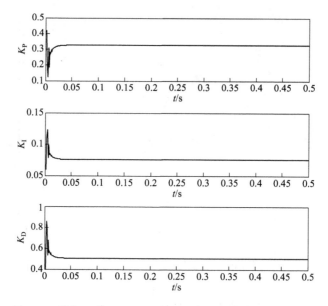

图 5-38　油缸 1 的 K_P、K_I 和 K_D 自整定曲线（阶跃响应）

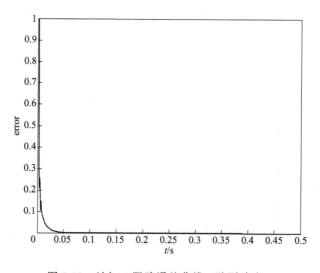

图 5-39　油缸 2 跟踪误差曲线（阶跃响应）

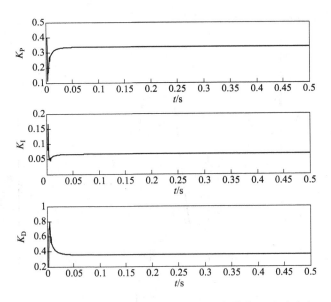

图 5-40　油缸 2 的 K_P、K_I 和 K_D 自整定曲线（阶跃响应）

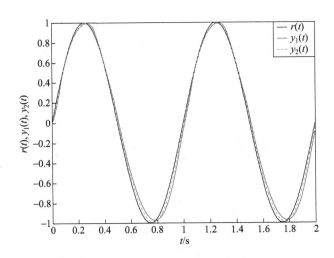

图 5-41　同步控制正弦响应仿真曲线

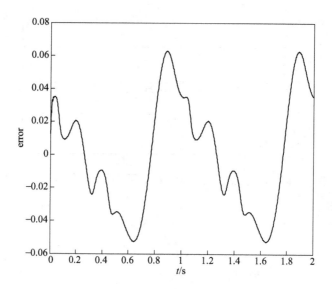

图 5-42　油缸 1 跟踪误差曲线（正弦响应）

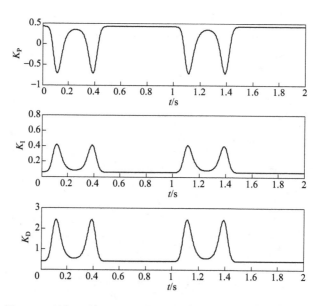

图 5-43　油缸 1 的 K_P、K_I 和 K_D 自整定曲线（正弦响应）

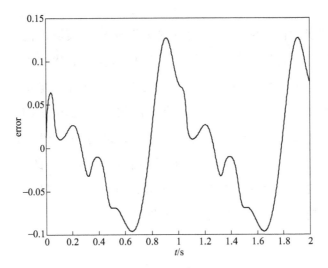

图 5-44　油缸 2 跟踪误差曲线（正弦响应）

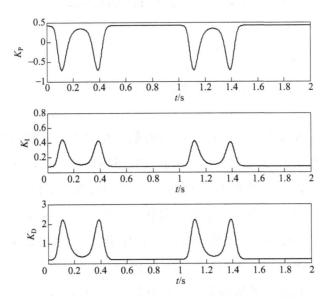

图 5-45　油缸 2 的 K_P、K_I 和 K_D 自整定曲线（正弦响应）

　　从仿真结果可以看出，在模糊 RBF 网络自整定 PID 控制下，PID 控制参数能根据工况的变化过程中偏差和偏差变化自动进行参数调整，阀控缸同步系统取得了良好同步精度，具有较好的抗干扰能力，使控制系统的动态性能得到了极大的改善。因此，此模糊 RBF 网络控制器能解决非线性、时变、强干扰的不确定复杂系统的控制问题，也证明了模糊

RBF 网络自整定 PID 控制方法是可行的。

模糊控制和神经网络控制均可视为智能控制领域内的一个分支，它们有各自的基本特性和应用范围，而且它们各自的优点可以弥补对方的不足。因此，本章将模糊控制与神经网络进行融合，建立了一个结构为 2-5-5-3 的模糊 RBF 网络控制器，控制器的三个输出为 PID 控制的三个参数。通过模糊神经网络对 PID 三个参数进行在线调整，以期根据系统、工况的变化寻找它们之间的最优组合，从而达到良好的控制效果。仿真结果表明，所设计的控制器，能够很好地克服外界负载扰动对阀控缸系统的影响，使系统的鲁棒性大大提高。

5.5　自适应控制理论

5.5.1　自适应控制基本概念及原理

对于一个控制系统，其被控对象的数学模型经常会随着时间或者工作环境的变化而改变，其变化规律也具有不确定性。采用一般的反馈控制和最优控制，可以解决被控对象数学模型参数在小范围内变化的情况，当控制对象的数学模型参数变化范围比较大时，上述控制方法就不能使系统自动地工作在或接近于最优工作状态，因此，自适应控制（Adaptive Control，AC）就应运而生。

目前对于自适应控制的定义还存在较大的争议，不过，从自适应控制系统的作用和工作机理方面来看，我们可将其描述如下：通过测量输入/输出信息，实时地掌握被控对象和系统误差的动态特性，并根据参数或运行指标的变化，改变控制参数或控制作用，使系统的控制性能维持最优或接近于最优。因此，自适应控制系统应具有以下功能：

① 不断检测被控对象和系统的变化，实时掌握变化信息；

② 按照系统表现出来的规律确定控制策略；

③ 及时调整可调系统的输入信号或修改控制器的参数。

由此我们可以得出自适应控制系统的基本结构如图 5-46 所示。

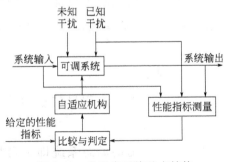

图 5-46 自适应系统基本结构

5.5.2 自适应控制的种类

根据不同的准则可以将自适应系统分为不同的类型，现在应用比较成熟和广泛的分类是将自适应控制系统分为自校正控制系统、模型参考自适应控制系统和其它类型的自适应控制系统。

（1）自校正控制系统

自校正控制也称作参数估计自适应控制，它分为间接自校正控制和直接自校正控制，其典型结构如图 5-47 所示。

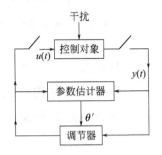

图 5-47 自校正控制系统典型结构

自校正控制系统的特点是将控制对象递推参数估计算法与系统事先规定的性能指标要求结合起来，形成一个能自动校正调节器或控制器参数的实时计算机控制系统。工作时，系统首先读取对象的输入 $u(t)$ 和

输出 $y(t)$ 的实时数据,在线辨识对象的参数向量 θ 和随机干扰的数学模型,然后根据辨识的参数向量估值 θ' 和系统的性能指标,随时调整控制器参数,使系统的工作状态渐进地趋于最优。一般情况下,自校正控制仅适用于离散随机控制系统,某些情况下也可用于混合自适应控制系统。

（2）模型参考自适应控制系统

在各种类型的自适应控制方案中应用最广泛的就是模型参考自适应控制,其典型结构如图 5-48 所示。

在这个系统中,引入了一个辅助动态系统即参考模型,参考模型用它的输出或状态规定了一个参考性能指标,代替了给定的性能指标。参考模型与可调系统的输出或状态利用减法器做差即可得到广义的系统误差信号 e,自适应机构利用广义误差信号按照一定的准则修改可调系统的参数或产生一个辅助输入信号,使广义误差泛函的两个性能指标达到极小,当可调系统特性渐进逼近于参考模型特性时,广义误差就趋于极小或为零,此时调节过程结束。

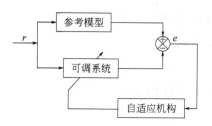

图 5-48　模型参考自适应控制系统典型结构

（3）其它类型的自适应控制系统

其它类型的自适应控制系统还有变结构控制系统、非线性自适应控制系统、自激震荡系统、神经网络自适应控制系统、模糊自适应控制系统等。

5.5.3　自适应控制的理论基础

自适应控制的理论基础包括李雅普诺夫稳定性理论、动态系统的正实性、波波夫超稳定性理论、系统辨识和随机最优控制理论等,本书主要讨论模型参考自适应控制系统设计理论基础中的李雅普诺夫稳定性理论以及动态系统的正实性。

（1）李雅普诺夫稳定性理论

李雅普诺夫稳定性理论是由学者 A. M. Liapunov 于 1892 年提出的，是研究单变量或多变量、线性或非线性、定常或时变系统的重要基础，也是设计自适应控制系统的重要理论基础。在建立了一系列关于稳定性概念的基础上，李雅普诺夫提出了判断系统稳定的两种方法。一种方法是利用求解线性系统微分方程来分析系统的稳定性，称为李雅普诺夫第一法或间接法，由于求解系统微分方程并非易事，所以此法的应用受到了很大的限制；另一种方法则不需要求解系统微分方程，而是通过分析利用经验和技巧虚构李雅普诺夫函数来判断系统的稳定性，称之为李雅普诺夫第二法或直接法，此法使得判断系统的稳定性更加方便，因此广泛应用于现代控制理论的各个分支如自适应控制、最优控制、时变系统控制等方面。本节主要研究利用李雅普诺夫第二法分析系统的稳定性。

（2）李雅普诺夫第二法

一般来讲，稳定性是指系统在受到有界扰动时偏离原来的平衡位置，而在扰动消除后其自身过渡过程逐渐衰减并能够准确地恢复到原始状态的一种特性。

为了分析系统的稳定性，李雅普诺夫引出了一个虚构的能量函数，即李雅普诺夫函数，利用分析该函数的性质，即可在不解微分方程的条件下解析得到系统的稳定性，我们把这种分析方法成为李雅普诺夫第二法。

根据古典力学中的振动现象，如果一个系统被激励后，系统能量会随着时间的推移而逐渐衰减，系统迟早会达到平衡状态，那么，这个平衡状态就是渐进稳定的。反过来，如果系统不断从外界吸收能量，那么这个平衡状态就是不稳定的。如果系统的能量既不增加，也不衰减，则这个平衡状态就是李雅普诺夫意义下的稳定。由于系统的复杂性和多样性，往往很难找到实际系统的能量函数表达式，因此李雅普诺夫虚构了一个正定的标量函数 $V(x)$，利用 $V(x)$ 及 $\dot{V}(x)$ 的符号特征直接对平衡状态的稳定性做出判断。

① 二次型标量函数

定义二次型标量函数为

$$V(x) = \boldsymbol{x}^{\mathrm{T}}\boldsymbol{P}\boldsymbol{x} = \begin{bmatrix} x_1 & x_2 & \cdots & x_n \end{bmatrix} \begin{bmatrix} p_{11} & p_{12} & \cdots & p_{1n} \\ p_{21} & p_{22} & \cdots & p_{2n} \\ \vdots & \vdots & & \vdots \\ p_{n1} & p_{n2} & \cdots & p_{nn} \end{bmatrix} \begin{bmatrix} x_1 \\ x_2 \\ \vdots \\ x_n \end{bmatrix}$$

如果 $p_{ij} = p_{ji}$，则 $\boldsymbol{P}$ 为实对称矩阵，对于上式中，若 $\boldsymbol{P}$ 为实对称矩阵，则必存在一个正交矩阵 $\boldsymbol{E}$，通过变换 $x = \boldsymbol{E}\bar{x}$，使 $V(x)$ 变为

$$V(x) = \boldsymbol{x}^{\mathrm{T}}\boldsymbol{P}\boldsymbol{x} = \boldsymbol{x}^{\mathrm{T}}\boldsymbol{E}^{\mathrm{T}}\boldsymbol{P}\boldsymbol{E}\boldsymbol{x} = \boldsymbol{x}^{\mathrm{T}}(\boldsymbol{E}^{\mathrm{T}}\boldsymbol{P}\boldsymbol{E})\boldsymbol{x} = \boldsymbol{x}^{\mathrm{T}}\bar{\boldsymbol{P}}\boldsymbol{x}$$

$$= \bar{\boldsymbol{x}}^{\mathrm{T}} \begin{bmatrix} \lambda_1 & 0 & \cdots & 0 \\ 0 & \lambda_2 & \cdots & 0 \\ \vdots & & \vdots & \\ 0 & 0 & \cdots & \lambda_n \end{bmatrix} \boldsymbol{x} = \sum_{i=1}^{n} \lambda_i \bar{x}_i^2$$

上式称为二次函数的标准型，其中 $\lambda_i (i = 1, 2, \cdots, n)$ 是矩阵 $\boldsymbol{P}$ 的互异特征值，且为实数，则 $V(x)$ 正定的充要条件是所有 λ_i 均大于零。

设矩阵 $\boldsymbol{P}$ 为 $n \times n$ 阶实对称矩阵，$V(x) = \boldsymbol{x}^{\mathrm{T}}\boldsymbol{P}\boldsymbol{x}$ 是由矩阵 $\boldsymbol{P}$ 所决定的二次型函数，那么，矩阵 $\boldsymbol{P}$ 的符号定义如下：

• 若 $V(x)$ 正定，则 $\boldsymbol{P}$ 为正定，记为 $\boldsymbol{P} > 0$；

• 若 $V(x)$ 负定，则 $\boldsymbol{P}$ 为负定，记为 $\boldsymbol{P} < 0$；

• 若 $V(x)$ 半正定，则 $\boldsymbol{P}$ 为半正定，记为 $\boldsymbol{P} \geqslant 0$；

• 若 $V(x)$ 半负定，则 $\boldsymbol{P}$ 为半负定，记为 $\boldsymbol{P} \leqslant 0$。

由以上可知要判断 $V(x)$ 的符号只要判断 $\boldsymbol{P}$ 的符号即可。

② 稳定性判据

设系统状态方程为

$$\dot{x} = f(x)$$

$x_0 = 0$ 时为平衡状态，且满足 $f(x_0) = 0$，如果存在一个正定的标量函数 $V(x)$，对所有 x 都具有一阶连续偏导数，则：

• 当 $V(x)$ 沿状态轨迹方向的时间导数 $\dot{V}(x) = \mathrm{d}V/\mathrm{d}t$ 为半负定时，

平衡状态 x_0 为李雅普诺夫意义下的稳定，称为稳定判据；

　　• 若 $V(x)$ 为负定，或虽然 $V(x)$ 为半负定，但对任意初始状态，对 $x_0 \neq 0$，$V(x)$ 不恒为零。则平衡状态 x_0 是渐进稳定的。如果进一步当 $\| x \| \to \infty$ 时，$V(x) \to \infty$，则系统是大范围渐进稳定的，此时称为渐进稳定判据；

　　• 若 $V(x)$ 为正定，则平衡状态 x_0 是不稳定的，此时称为不稳定判据。

　　（3）正实函数

　　正实函数的概念最先起源于网络理论中，是由 O. Brune 在分析无源网络综合理论时提出来的，由电阻、电感及电容等构成的无源网络总是要从外界吸收能量，因而表现了网络中能量的非负性，其对应的传递函数就是正实的。现在正实性概念也被运用于自动控制领域中，对自适应控制的研究起着重要的作用，在自适应控制系统的设计中，正实性概念是系统稳定性和收敛性的重要工具。

　　【定义 5-1】如果对于复变量 $s = \sigma + j\omega$ 的有理函数 $f(s)$ 满足下列条件：

　　• 当 s 为实数时，$f(s)$ 亦为实数；

　　• $f(s)$ 在右半开平面 $\text{Re}(s) > 0$ 的域内没有极点；

　　• $f(s)$ 在虚轴 $\text{Re}(s) = 0$ 上，如果存在极点，则极点是相异的，其相应的留数为实数，且大于或者等于零；

　　• 对于任意实数 $\omega(-\infty < \omega < \infty)$，当 $s = j\omega$ 不是 $f(s)$ 的极点时，有 $\text{Re}[h(j\omega)] \geqslant 0$。

　　那么有理函数 $f(s)$ 则称为正实函数。

　　【定义 5-2】假如以复变量 $s = \sigma + j\omega$ 为自变量的有理函数 $f(s)$ 满足下列条件：

　　• 当 s 为实数时，$f(s)$ 亦为实数；

　　• $f(s)$ 在右半闭平面 $\text{Re}(s) \geqslant 0$ 的域内没有极点；

　　• 对于任意实数 $\omega(-\infty < \omega < \infty)$，均有 $\text{Re}[h(j\omega)] > 0$。

　　则有理函数 $f(s)$ 称为严格正实函数。

　　【定义 5-3】如果 $f(s) = M(s)/N(s)$ 满足以下条件：

- $M(s)$ 和 $N(s)$ 都是实系数多项式；
- $M(s)$ 和 $N(s)$ 都是 Hurwitz 多项式，即所有零点在 $\mathrm{Re}(s) \leqslant 0$ 域内；
- $f^{-1}(s)$ 仍是正实函数；
- $M(s)$ 和 $N(s)$ 的阶数之差不超过 1。

则 $f(s)$ 为正实函数。

【定义 5-4】线性连续时间系统

$$\dot{x} = Ax + bu$$

$$y = cx$$

式中，x 为 n 维状态向量；b 和 c 为 n 维向量；y 和 u 分别为输出和输入量；A 为 $n \times n$ 非奇异矩阵，且 $\mathrm{Re}(\lambda_i) \leqslant 0$（$i = 1, 2, \cdots, n$）（$\lambda_i$ 为 A 的特征根）。

(A, b) 完全可控，则 $f(s) = c(sI - A)^{-1}b$ 为正实函数的充要条件如下。

存在正定对称阵 P 和半正定对称阵 Q，使得下列公式成立：

$$PA + A^{\mathrm{T}}P = -Q$$

$$b^{\mathrm{T}}P = c \text{ 或者 } Pb = c^{\mathrm{T}}$$

5.5.4　模型参考自适应控制

模型参考自适应控制（Model Reference Adaptive Control，MRAC），是目前理论上较成熟、应用较广泛的一类自适应控制系统。1958 年，美国麻省理工学院 Whitaker 教授首先提出了飞机自动驾驶仪的模型参考自适应控制方案，该方案采用局部参数最优化理论为基础，没有考虑系统稳定性，因此限制了该方法的应用。1966 年，德国学者 Parks 提出了用李雅普诺夫第二法设计 MRAC 的方法，保证了自适应系统的全局渐进稳定性。罗马尼亚学者 Popov 在 1963 年提出了超稳定性理论，随后，法国学者 Landau 将该理论应用于 MRAC 的设计，该理论保证了系统的全局渐进稳定。近年来，随着计算机技术的飞速发展以及对控制理论的深入研究，模型参考自适应控制的应用将更加广泛和深入。

模型参考自适应系统的类型很多，按照系统结构可分为并联 MRAC、串并联 MRAC 和串联 MRAC；按照实现方式可分为连续时间 MRAC、离散时间 MRAC 和混合式 MRAC 等。

以李雅普诺夫稳定性理论为基础设计的模型参考自适应控制系统，既考虑了系统的稳定性又可以实现参数受扰动后可在大范围变化。

具有可调增益的 MRAC 开环框图如图 5-49 所示。

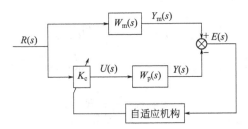

图 5-49　具有可调增益的 MRAC 开环框图

被控对象传递函数为

$$W_p(s) = \frac{Y(s)}{U(s)} = K_p \frac{N(s)}{D(s)}, K_p > 0 \tag{5-98}$$

参考模型的传递函数为

$$W_m(s) = \frac{Y_m(s)}{R(s)} = K_m \frac{N(s)}{D(s)}, K_m > 0 \tag{5-99}$$

式（5-98）、式（5-99）中，K_m 为参考模型的增益；K_p 是受环境和干扰影响的唯一的未知或慢时变增益，仅符号已知，假设为正。分母多项式 $D(s)$ 和分子多项式 $N(s)$ 均已知，可表示为

$$\begin{cases} D(s) = s^n + a_{n-1}s^{n-1} + \cdots + a_0 \\ N(s) = b_{n-1}s^{n-1} + b_{n-2}s^{n-2} + \cdots + b_0 \end{cases} \tag{5-100}$$

控制器根据被控模型与参考模型结构相匹配的原则进行设计，确定为一个可调增益 K_c，即

$$W(s) = K_c \tag{5-101}$$

令

$$e(t) = y_m(t) - y(t) \tag{5-102}$$

对上式两边进行拉氏变换得

$$E(s) = Y_m(s) - Y(s) \tag{5-103}$$

由式（5-98）得：

$$Y(s) = K_p \frac{N(s)}{D(s)} U(s) \tag{5-104}$$

式中

$$U(s) = K_c(s) R(s) \tag{5-105}$$

由式（5-99）得

$$Y_m(s) = K_m \frac{N(s)}{D(s)} R(s) \tag{5-106}$$

由式（5-103）、式（5-104）和式（5-106）得：

$$E(s) = K \frac{N(s)}{D(s)} R(s) \tag{5-107}$$

式中

$$K(s) = K_m - K_c(s) K_p \tag{5-108}$$

由式（5-100）、式（5-107）可得

$$E(s)(s^n + a_{n-1} s^{n-1} + \cdots a_0) =$$
$$K(s)(b_{n-1} s^{n-1} + b_{n-2} s^{n-2} + \cdots + b_0) R(s) \tag{5-109}$$

对上式两边进行拉氏变换得

$$e^{(n)} + a_{n-1} e^{(n-1)} + \cdots + a_1 \dot{e} + a_0 e =$$
$$K(t)(b_{n-1} r^{n-1} + b_{n-2} r^{n-2} + \cdots + b_1 \dot{r} + b_0 r) \tag{5-110}$$

式中

$$K(t) = K_m - K_c(t) K_p \tag{5-111}$$

控制器 K_c 用来补偿受控对象的漂移对象，自适应控制系统的设计任务就是根据李雅普诺夫稳定性理论寻求可调参数 K_c 的调节规律，最终达到状态收敛性和参数收敛性，即

$$\lim_{t \to \infty} e(t) = 0$$
$$\lim_{t \to \infty} K(t) = 0$$

式（5-110）的状态方程可以写为

$$\begin{cases} \dot{x} = Ax + KBr(t) \\ e = c^T x \end{cases} \tag{5-112}$$

式中，$x = (x_1 \quad x_2 \quad \cdots \quad x_n)^T$，状态向量为：

$$x_1 = e$$

$$x_2 = \dot{e} - \beta_1 r$$

$$\cdots\cdots$$

$$x_n = e^{(n-1)} - \beta_1 r^{(n-2)} - \beta_2 r^{(n-3)} - \cdots - \beta_{n-1} r$$

$$A = \begin{pmatrix} 0 & 1 & 0 & \cdots & 0 & 0 \\ 0 & 0 & 1 & \cdots & 0 & 0 \\ \vdots & \vdots & \vdots & \cdots & \vdots & \vdots \\ -a_0 & -a_1 & -a_2 & \cdots & -a_{n-2} & -a_{n-1} \end{pmatrix}$$

$$B = (\beta_1 \quad \beta_2 \quad \cdots \quad \beta_n)^T$$

$$c^T = (1 \quad 0 \quad \cdots \quad 0)$$

$$\beta_1 = b_{n-1}$$

$$\beta_2 = b_{n-2} - a_{n-1}\beta_1$$

$$\cdots\cdots$$

$$\beta_n = b_0 - a_{n-1}\beta_{n-1} - a_{n-2}\beta_{n-2} - \cdots - a_1\beta_1$$

构造李雅普诺夫函数为

$$V = x^T P x + \lambda K^2, \lambda > 0 \tag{5-113}$$

式中，矩阵 P 为正定对称矩阵，即 $P = P^T > 0$。

$$\dot{V} = x^T(A^T P + PA)x + 2x^T PBrK + 2\lambda K\dot{K} \tag{5-114}$$

令上式右端后两项之和为零得

$$2x^T PBrK + 2\lambda K\dot{K} = 0 \tag{5-115}$$

进而得到

$$\dot{V} = x^T(A^T P + PA)x \tag{5-116}$$

根据李雅普诺夫第二法稳定性判据，当 $\dot{V}$ 为半负定时，即 $\dot{V} \leqslant 0$ 时，系统是稳定的，令

$$A^T P + PA = -Q, Q = Q^T > 0 \tag{5-117}$$

于是

$$\dot{V} = -x^T Q x \leqslant 0 \tag{5-118}$$

因此由式（5-115）可以得出自适应调节规律为

$$\dot{K} = -\frac{x^T PBr}{\lambda} \tag{5-119}$$

式（5-111）中，K_p 变化很慢，在自适应控制中，可以认为不变，因此可得

$$\dot{K} = -K_p \dot{K}_c \qquad (5\text{-}120)$$

将式（5-120）代入式（5-119）得

$$\dot{K}_c = \frac{\boldsymbol{x}^{\mathrm{T}} \boldsymbol{PBr}}{\lambda K_p} \qquad (5\text{-}121)$$

为使自适应率不包含 e 的导数项，式（5-112）表示的系统如果

$$\boldsymbol{c}^{\mathrm{T}} (s\boldsymbol{I} - \boldsymbol{A})^{-1} \boldsymbol{B} \qquad (5\text{-}122)$$

为正实，则可以得出

$$\boldsymbol{PA} + \boldsymbol{A}^{\mathrm{T}} \boldsymbol{P} = -\boldsymbol{Q}, \boldsymbol{PB} = \boldsymbol{c} = (1 \quad 0 \quad \cdots \quad 0)^{\mathrm{T}} \qquad (5\text{-}123)$$

这样，由式（5-121）可得出下列自适应率

$$\dot{K}_c(e,t) = K_g e(t) r(t) \qquad (5\text{-}124)$$

式中

$$K_g = \frac{1}{\lambda K_p} \qquad (5\text{-}125)$$

由此得出 n 阶系统李雅普诺夫稳定性理论的设计方案，如图 5-50 所示。

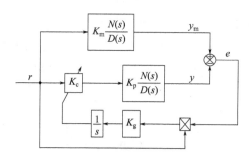

图 5-50　n 阶系统李雅普诺夫稳定性理论的设计方案

5.5.5　液压阀伺服控制系统 MRAC 设计

液压阀伺服控制系统是典型的非线性、时变系统，因此常常存在较大参数变化和大时变负载干扰现象。在这种情况下，采用常规 PID 控制往往难以满足系统动态性能要求，而采用自适应控制能够在满足系统稳

态要求的前提下提高系统的动态性能，同时可以使系统具有较好的自适应能力和较强的鲁棒性。

模型参考自适应控制是工程实际中应用比较广泛的一种控制方法，在液压技术中也有成功的应用，但是不论是以局部参数最优为基础、以李雅普诺夫稳定理论或者以波波夫超稳定理论为基础设计，对参考模型的选取规律讨论得都不多。根据以上对模型参考自适应控制的描述，我们知道，MRAC 的目标是使被控系统跟踪参考模型的输出，在某种程度上，参考模型决定着整个自适应控制系统的性能，阶次较高、过于复杂的参考模型，不仅增加了计算量，而且使控制器的设计变得复杂，不易于工程实现。对于一般的液压伺服控制系统来说，不管是阀控系统还是泵控系统，采用一个二阶模型在精确性上和可实现性上都是一个比较好的选择。

针对大液压阀伺服控制系统，我们选取典型二阶系统为参考模型，其传递函数为

$$G_m(s) = \frac{\omega_n^2}{s^2 + 2\xi\omega_n s + \omega_n^2} \tag{5-126}$$

式中，$\xi = \sqrt{\dfrac{(\ln M_p)^2}{\pi^2 + (\ln M_p)^2}}$；$\omega_n = \dfrac{\pi}{t_p \sqrt{1-\xi^2}}$。

对于参考模型中各参数的取值有以下规律。

① 参考模型与实际系统越接近，则两者的动态响应性能就越接近，参考模型越偏离实际系统，则系统跟踪消除偏差的速度越慢，并会出现振荡。

② ω_n 的值取得越大，系统过渡时间越短，响应时间越快，但 ω_n 过大，系统响应曲线将变得很陡并出现振荡和超调，为此可以在被调系统的输入端加一个积分环节，积分环节能消除系统的稳态误差，同时减缓系统的过渡过程，因此，一般来说，ω_n 可选得比实际系统的固有频率稍大一点，然后再用积分环节进行中和调节。

③ ξ 减小会减小过渡过程的时间，但 ξ 过小将会出现振荡和超调，同时过渡过程时间延长。ξ 一般取经验值 0.7~0.8。

根据工程的需要，阀的技术要求如下：在阶跃输入信号作用下，液

压阀上升时间不大于 2s，调节时间不大于 3s。考虑到理论分析与实际应用的差异，我们取峰值时间 $t_p = 1.2s$，超调量 $M_p = 5\%$，代入式（5-126）可得：

$$\xi = 0.69$$

$$\omega_n = 3.6 \text{rad/s}$$

$$G_m(s) = \frac{13}{s^2 + 5s + 13} \tag{5-127}$$

5.5.6 自适应率的设计

系统被控对象为伺服阀、液压缸，参考模型为式（5-127），此时，

$$G_m(s) = \frac{K_m N(s)}{D(s)} = \frac{13}{s^2 + 5s + 13} \tag{5-128}$$

$$G_p(s) = \frac{K_p N(s)}{D(s)} = \frac{K_p}{s^2 + 5s + 13} \tag{5-129}$$

$$N(s) = 1 \tag{5-130}$$

$$D(s) = s^2 + 5s + 13 \tag{5-131}$$

$$K_m = 13$$

$$K_p \in R$$

由式（5-110）得系统广义误差的微分方程为

$$\ddot{e} + 5\dot{e} + 13e = Ky_r \tag{5-132}$$

由式（5-111）得

$$K = 13 - K_c K_p \tag{5-133}$$

其状态方程可表示为

$$\begin{cases} \dot{x} = Ax + KBr(t) \\ e = c^T x \end{cases} \tag{5-134}$$

式中，$x = (e \quad \dot{e})^T$，$A = \begin{pmatrix} 0 & 1 \\ -13 & -5 \end{pmatrix}$，$B = (0 \quad 13)^T$，$c^T = (1 \quad 0)$。

根据第 5.5.4 节对 n 阶系统基于李雅普诺夫稳定性理论的模型参考自适应控制系统的设计方案可得出如下结论。

取李雅普诺夫函数为

$$V(e,\dot{e})=\begin{bmatrix} e & \dot{e} \end{bmatrix}\begin{bmatrix} \lambda_1 & 0 \\ 0 & \lambda_2 \end{bmatrix}\begin{bmatrix} e \\ \dot{e} \end{bmatrix}+\lambda K^2$$

$$=\lambda_1 e^2+\lambda_2 \dot{e}^2+\lambda K^2 \tag{5-135}$$

式中，$\boldsymbol{P}=\begin{bmatrix} \lambda_1 & 0 \\ 0 & \lambda_2 \end{bmatrix}$ 为正定实对称矩阵；λ 为大于零的自适应控制系数。

对式（5-135）等号两边求导，得

$$\dot{V}(e,\dot{e})=2\lambda_1 e\dot{e}+2\lambda_2 \dot{e}\ddot{e}+2\lambda K\dot{K} \tag{5-136}$$

将式（5-132）代入式（5-136）整理得：

$$\dot{V}(e,\dot{e})=2(\lambda_1-13\lambda_2)e\dot{e}+2K(\lambda\dot{K}+\lambda_2 y_r\dot{e})-10\lambda_2 \dot{e}^2 \tag{5-137}$$

由式（5-135）知 $V(e,\dot{e})>0$，根据李雅普诺夫第二法稳定性判据，只有当 $\dot{V}(e,\dot{e})\leqslant 0$ 时，系统是稳定的，即

$$\begin{cases} \lambda_1-13\lambda_2=0 \\ \lambda\dot{K}+\lambda_2 y_r\dot{e}=0 \end{cases} \tag{5-138}$$

令 $\lambda_1=13$，$\lambda_2=1$，得

$$\dot{K}=-\frac{1}{\lambda}y_r\dot{e} \tag{5-139}$$

由式（5-133）和式（5-139）可得：

$$\dot{K}_c=K_g y_r\dot{e} \tag{5-140}$$

$$K_g=\frac{1}{\lambda K_p} \tag{5-141}$$

5.5.7　基于 MRAC 控制性能的仿真研究

MATLAB 又称为矩阵实验室，是以矩阵为基本数据单位的数学软件，它在一个视窗环境中集成了诸多强大的功能，包括数值分析、算法开发、矩阵计算、数据可视化以及非线性系统的建模和仿真等。软件特点体现在具有友好的工作平台，人机交互性更强，基于 C＋＋的简单易用程序语言，拥有强大的数值计算功能和出色的图形处理功能，还有广

泛的模块集合工具箱。

Simulink 是 MATLAB 的重要组成部件之一，既可以进行计算机仿真，又可以连接一系列模块构成复杂的系统。它提供了一个不用编程，只需要通过简单的鼠标操作即可构造出复杂系统的集成环境，是实现动态系统建模、仿真和综合分析的软件包，同时是一种广泛应用于线性或非线性控制系统和信号处理系统的可视化仿真工具。它具有应用范围广、结构简单、流程清晰、仿真效率高，易于操作等优点，它与用户交互接口是基于 Windows 的模型化图形输入，因此使用户可以在构建系统模型而不是在语言的编程上投入更大的时间和精力，这是与 MATLAB 语言的主要区别所在。

在液压阀伺服控制系统数学模型的基础上，利用 MATLAB/Simulink 仿真工具建立系统仿真模型如图 5-51 所示。

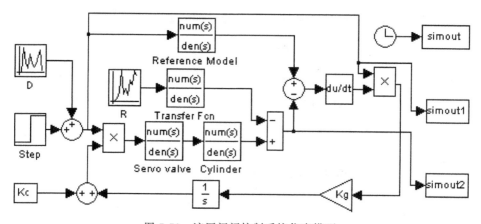

图 5-51　液压阀阀控制系统仿真模型

在系统仿真模型中存在两处扰动源 D 和 R，R 处扰动模拟的是液压缸所受的外负载，D 处扰动源模拟的是液压回路包括管道、油液等的系统外界干扰。

（1）不考虑扰动源 D 时

输入单位阶跃信号，调节参数 K_g 的值，得到如图 5-52 所示的仿真结果：系统响应时间随着 K_g 值的增大而减小。当 $K_g = 3.1$ 时，系统上升时间为 0.9s，峰值时间为 1.3s，调整时间为 1.6s，完全符合循环伺服阀性能的要求，当 K_g 值继续增大时，系统出现振荡直至发散。

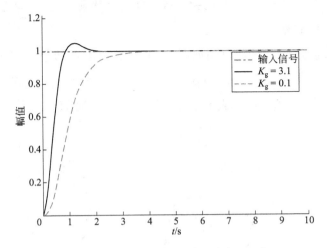

图 5-52　阶跃信号响应曲线（改变 K_g 值）

当 $K_g = 3.1$ 时，改变参数 K_c 的值，得到仿真曲线如图 5-53 所示。

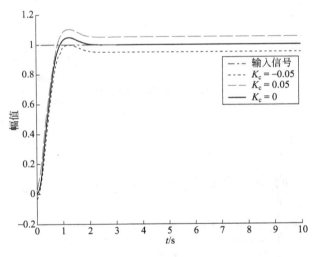

图 5-53　阶跃信号响应曲线（改变 K_c 值）

根据仿真结果可知，假设当 $K_c = 0$ 时，系统的稳态值为 C，$K_c \neq 0$ 时，系统稳态值为 C'，存在一个正实数 k：

当 $K_c = k = 0$ 时，$C = C'$；

当 $K_c = k \neq 0$ 时，$C' = C + k$；

当 $K_c = -k \neq 0$ 时，$C' = C - k$。

通过以上分析得出以下规律：K_g 的值直接影响系统动态性能，K_c 的值决定系统的稳态值。

当输入正弦信号时，得到如图 5-54 所示的仿真结果，同时得到正弦信号跟踪误差曲线如图 5-55 所示。图中可见，系统对正弦输入信号的最大跟踪误差为 0.12%，因此液压阀开度能较好地随正弦信号的变化而变化。

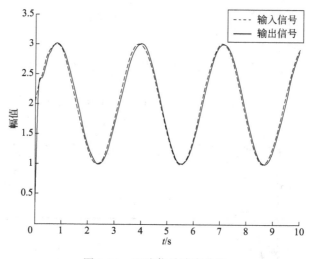

图 5-54　正弦信号响应曲线

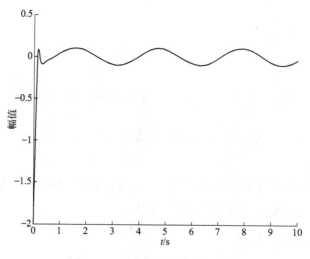

图 5-55　正弦信号跟踪误差曲线

输入方波信号时，仿真结果如图 5-56 所示。

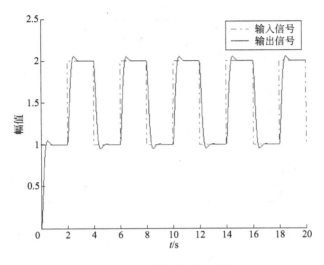

图 5-56　方波信号响应曲线

（2）施加干扰源 D 时

对伺服系统施加随机的外界干扰信号 D 如图 5-57 所示，扰动幅值为系统阶跃输入信号幅值的 25%。

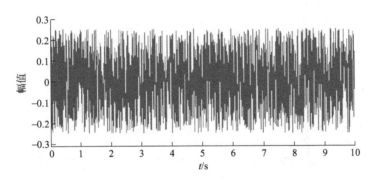

图 5-57　随机干扰信号

在 $K_g = 3.1$ 的条件下，输入阶跃信号得到仿真曲线如图 5-58 所示。由图可以看出，受扰动的影响，系统阶跃响应时间有所增加，调节时间小于 2.3s。根据工程的数据显示，来自液压阀部分的干扰相对不大，远比仿真施加的扰动小，因此，该液压阀伺服控制系统对外界扰动具有足够的抗干扰能力，可以满足循环工程对液压阀性能的要求。

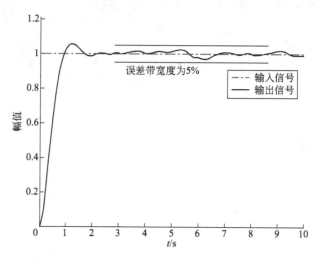

图 5-58　有扰动时阶跃信号响应曲线

输入正弦信号得响应曲线如图 5-59 所示。

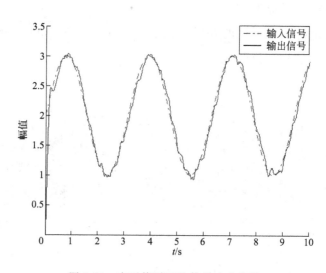

图 5-59　有干扰时正弦信号响应曲线

输入方波信号得到响应曲线如图 5-60 所示。

由图 5-59 和图 5-60 可以看出，在施加扰动后，系统仍然能够对输入信号产生较好的跟踪性能。

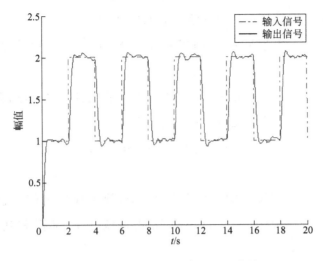

图 5-60　有干扰时方波信号响应曲线

5.6　系统建模及联合仿真

5.6.1　AMESim 软件介绍

AMESim（Advanced Modeling Environment for Simulations of engineering systems）表示系统高级建模和仿真平台，是由法国 Imagine 公司自 1995 年推出的基于键合图的流体传动系统和液压/机械系统建模、仿真及动力学分析软件，迄今已发展到 Rev8B 版本。它基于直观的图形界面的建模平台，使用户能在同一平台上建立复杂的多学科领域系统的模型，并在此基础上进行仿真计算和分析。与其它仿真软件的最大区别在于 AMESim 软件可以在仿真过程中监视方程特性的变化并自动变换积分算法以获得最佳结果。AMESim 软件提供了系统工程设计的完整环境和多学科领域系统的各类模型库，包括控制库、机械库以及其它可选库等。所有的应用库都提供了信号端转换成为结构化的多通口功能模块，方便工程师利用方块图灵活、迅速地建立物理系统的模型。

AMESim 软件从系统方案到仿真只需要四个步骤：

① Sketch：从不同的应用库中选取现存的图形模块建立系统的模型；

② Submodels：为在不同的应用层次上的元件选择数学模型；

③ Parameters：为元件设置模型参数；

④ Simulation：运行仿真分析并绘出仿真结果。

AMESim 软件具有以下特点。

① AMESim 在统一的平台上利用不同领域模块之间直接的物理连接方式，使得 AMESim 成为多个领域系统工程建模和仿真的标准环境。

② 仿真模型的建立、扩充或改变都是通过图形用户界面来进行的，不需要编制任何程序代码，使得用户能专注于物理系统本身的设计。

③ 在后处理阶段，AMESim 提供了齐全的分析工具，包括线性化分析工具、模态分析工具、频谱分析工具以及模型简化工具，机构运动的可视化能自动生成机构可视图形，便于研究人员提取系统的有关信息，对模型进行分析和修改。

④ 用户利用 AMESet 可以直接调用所有模型的原代码，同时还可以把自己的代码模型以图形化模块的方式综合进 AMESim 软件包，创建新的图标和模型来扩充软件应用库。

⑤ AMESim 的智能求解器基于数字积分器，具有变步长、变阶数、变类型、鲁棒性强等特点，能够自动选择最适合模型求解的积分算法，并根据在不同仿真时刻的系统特点动态地切换积分算法和调整积分步长以缩短仿真时间，提高仿真精度，为解决数字仿真的"间断点"问题，求解器内嵌不连续处理工具。

⑥ AMESim 具有多种仿真运行模式及实时仿真功能，可以减少设计过程集成的延迟造成的不确定性，从而大大提高了产品的质量和可靠性。

⑦ AMESim 提供了丰富的和其它软件的接口，如控制软件接口（Matlab/MatrixX）、多维软件接口（Adams、Simpack、Virtual

Lab Motion)、编程语言接口（C 或 Fortran）、实时仿真软件接口（xPC、dSPACE）和优化软件接口（iSIGHT、OPTIMUS）等。

⑧ AMESim 软件保留了数学方程级、方块图级、基本元素级和元件级 4 个层次的建模方式，方便用户根据自身特点选择合适的建模方式。

⑨ 提供了有力的技术支持。

5.6.2　伺服阀控制系统建模

在 AMESim 软件中，液压系统建模通常采用自上而下的建模方法，把复杂抽象的系统模块化、具体化，AMESim 仿真结构框架利用图形符号和自然语言来建立系统的功能活动和相应关系，能全面、清楚地描述系统。

AMESim 软件为液压系统专门建立了一个标准仿真模型库，但是由于液压系统的元件多种多样，标准库无法满足所有的建模要求，该软件又提供了一个液压元件设计库 HCD（Hydraulic Component Design）如图 5-61 所示。用户可以从 HCD 库中选取元件，构建自己所需要的液压模型。

通过前面的介绍，我们知道可以利用 AMESim 提供的控制软件接口实现 AMESim 与 MATLAB 软件的联合仿真，根据 AMESim 仿真软件中丰富的模型库，通过基本元素法按照实际系统构建需要的物理模型；而 Simulink 提供了交互的仿真环境，同时借助 MATLAB 强大的数值计算功能，可以方便地建立模型和改变参数。联合仿真充分发挥了两种软件各自的优势，取得了更好的互补效果，这也是仿真技术未来的一个发展方向。

根据液压阀伺服控制系统原理图，利用 AMESim 软件中的标准库和液压元件设计库建立系统 AMESim 模型如图 5-62 所示。该模型更多地考虑了系统的细节问题，例如油液的性质、制造误差、摩擦问题、环境温度的变化等，因此使得系统模型更接近于实际，从而使仿真结果更趋向于真实合理。

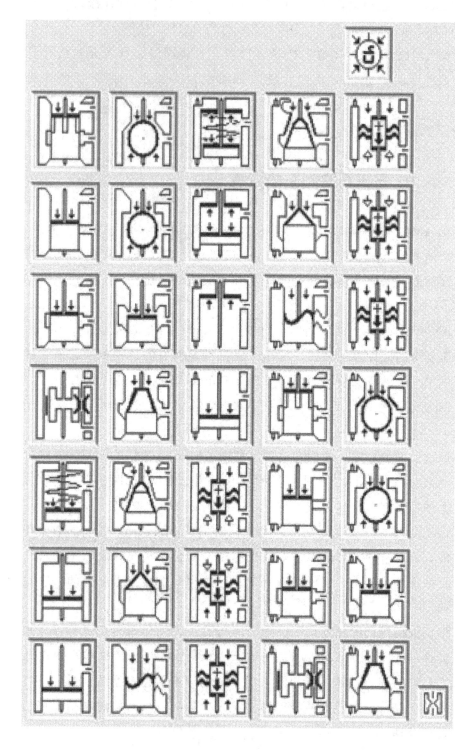

图 5-61　AMESim 的 HCD 模块

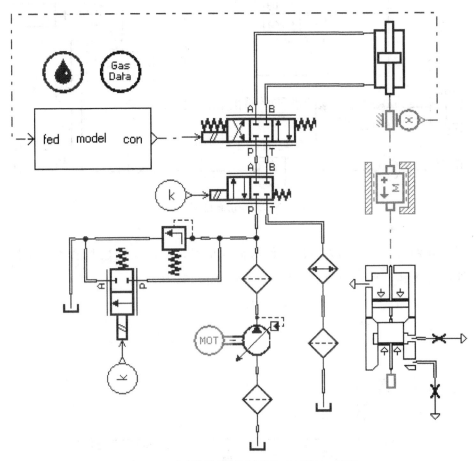

图 5-62　液压阀伺服控制系统 AMESim 模型

模型中参数的设置依照系统设计中的相关参数，此外该物理模型还设置了以下细节参数：液压油密度为 850kg/m³，液压油的体积弹性模量为 700MPa，液压油的黏度是 51×10^{-6} m²/s，液压油的温度为 40℃，油液中的气体含量为 0.1%，质量元件的库伦摩擦力为 950N，质量元件的黏滞摩擦系数为 900N/(m/s)，活塞的黏滞摩擦系数为 100N/(m/s)。

5.6.3　液压阀伺服控制系统联合仿真

根据以上所述建立 MATLAB 与 AMESim 联合仿真模型如图 5-63 所示。

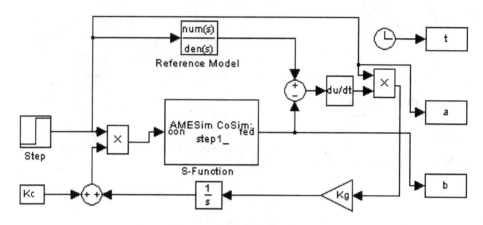

图 5-63　联合仿真模型框图

分别采用阶跃和方波信号作为输入信号，对液压阀控制系统动态特性进行仿真，得到响应曲线如图 5-64、图 5-65 所示。

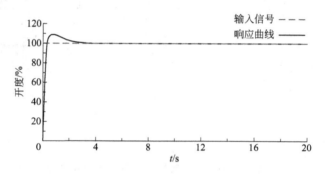

图 5-64　液压阀开度阶跃响应曲线图

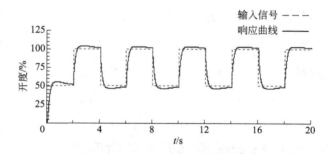

图 5-65　液压阀开度方波响应曲线图

　　由图 5-64 可以看出，液压阀上升时间为 0.9s，调节时间小于 2.1s，满足工程对液压阀的技术要求，但其性能指标均比 MATLAB 仿真结果差，原因在于 AMESim 仿真考虑了更多的细节问题，使得仿真结果更接近于系统的实际状况。

第6章

煤炭输送系统设计软件开发及设备选型

6.1　煤炭输送系统设计的软件开发

本项目所使用的煤炭输送系统软件是基于输送机的设计流程，以及 CEMA 核心算法，以 Visual C＋＋为主要平台进行设计的。该程序操作简单，界面友好，运行可靠，如图 6-1 所示。

图 6-1　带式输送机设计主界面

通过该界面，用户可以根据需要选用不同的控制策略，主要分为神经网络控制（NNC）、自适应控制（AC）和神经模糊控制（NFC），根据带式输送机设计计算方法的不同，主要分为逐点法计算、普通计算和标准计算。本系统主要设备的设计计算采用最新的标准计算方法，设计菜单主要包括工程概要以及物料、胶带、托辊、张紧、驱动、电机、制动等菜单，以供各部分的数据输入、选型设计与初步计算。

如图 6-2 所示为带式输送机基础数据的选取界面。

如图 6-3 所示为带式输送机的部分计算说明书。

如图 6-4 所示为带式输送机标准计算结果界面。

如图 6-5 所示为带式输送机的参数核算程序界面。

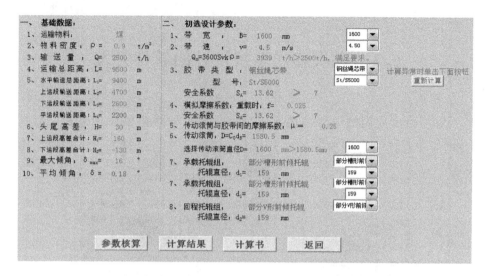

图 6-2　带式输送机基础数据选取界面

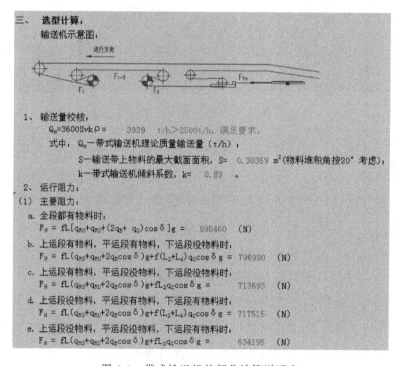

三、　选型计算

输送机示意图：

1、输送量校核：

$Q_m = 3600Svk\rho =$　3939　t/h＞2500t/h，满足要求。

式中：Q_m—带式输送机理论质量输送量（t/h）；

S—输送带上物料的最大截面面积，$S =$　0.30359　m^2（物料堆积角按20°考虑）；

k—带式输送机倾斜系数，$k =$　0.89　。

2、运行阻力：

（1）主要阻力：

a. 全段有物料时：

$F_H = fL[q_{RO} + q_{RU} + (2q_B + q_G)\cos\delta]g =$　895460　（N）

b. 上运段有物料，平运段有物料，下运段没物料时：

$F_H = fL(q_{RO} + q_{RU} + 2q_B\cos\delta)g + f(L_2 + L_4)q_G\cos\delta g =$　796990　（N）

c. 上运段有物料，平运段没物料，下运段没物料时：

$F_H = fL(q_{RO} + q_{RU} + 2q_B\cos\delta)g + fL_2q_G\cos\delta g =$　713693　（N）

d. 上运段没物料，平运段有物料，下运段有物料时：

$F_H = fL(q_{RO} + q_{RU} + 2q_B\cos\delta)g + f(L_2 + L_4)q_G\cos\delta g =$　717515　（N）

e. 上运段没物料，平运段没物料，下运段有物料时：

$F_H = fL(q_{RO} + q_{RU} + 2q_B\cos\delta)g + fL_3q_G\cos\delta g =$　634195　（N）

图 6-3　带式输送机的部分计算说明书

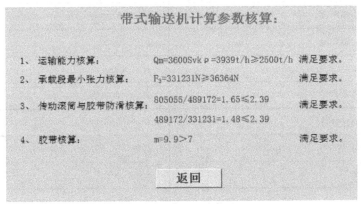

带式输送机计算结果：

一、头部、中部驱动装置计算结果：

1、传动滚筒轴功率： 2132.2 kW

2、计算所需电动机功率： 2991.3 kW

3、传动滚筒趋入点张力： 805055 kN

4、传动滚筒奔离点张力： 331231 kN

5、落料处张力： 331231 kN

6、拉紧滚筒所需拉紧力： 662462 kN

7、低速轴上的制动力矩： 108714 kN·m

8、低速轴上的逆止力矩： -88799 kN·m

二、尾部驱动装置计算结果：

1、传动滚筒轴功率： 710.7 kW

2、计算所需电动机功率： 997.1 kW

3、传动滚筒趋入点张力： 489171 kN

4、传动滚筒奔离点张力： 331231 kN

5、落料处张力： 331231 kN

6、拉紧滚筒所需拉紧力： 662462 kN

7、低速轴上的制动力矩： 108714 kN·m

8、低速轴上的逆止力矩： -88799 kN·m

返回

图 6-4　带式输送机标准计算结果界面

带式输送机计算参数核算：

1、运输能力核算： $Q_m=3600Svk\rho=3939t/h \geqslant 2500t/h$ 满足要求。

2、承载段最小张力核算： $F_3=331231N \geqslant 36364N$ 满足要求。

3、传动滚筒与胶带防滑核算： $805055/489172=1.65 \leqslant 2.39$
$489172/331231=1.48 \leqslant 2.39$ 满足要求。

4、胶带核算： $m=9.9 > 7$ 满足要求。

返回

图 6-5　带式输送机的参数核算程序界面

6.2　主要技术参数

6.2.1　基础数据及初定设计参数

本带式输送机的计算方法主要采用国家标准《带式输送机工程设计

规范》中规定的通用方法，设备主要计算参数选自《DTⅡ（A）型带式输送机设计手册》。输送系统的基础参数见表 6-1。

表 6-1　输送系统的基础参数

名称	参数
运输物料	煤
物料密度	$\rho = 0.9 \mathrm{t/m^3}$
物料粒度	$\leqslant 300 \mathrm{mm}$
设计运量	$Q = 2500 \mathrm{t/h}$
运输总距离	$L = 9500 \mathrm{m}$
水平运输总距离	$L_1 = 9400 \mathrm{m}$
上运段运输距离	$L_2 = 4700 \mathrm{m}$
下运段运输距离	$L_3 = 2600 \mathrm{m}$
平运段运输距离	$L_4 = 2600 \mathrm{m}$
头尾高差	$H = 30 \mathrm{m}$
上运段高差合计	$H_1 = 160 \mathrm{m}$
下运段高差合计	$H_2 = -130 \mathrm{m}$
最大倾角	$\delta_1 = 16°$
平均倾角	$\delta = 0.18°$

输送系统的初定设计参数如表 6-2。

表 6-2　输送系统的初定设计参数

名称	参数
带宽	$B = 1050 \mathrm{mm}$
速度	$v = 4.5 \mathrm{m/s}$
模拟摩擦系数	$f = 0.025$
传动滚筒与胶带之间的摩擦系数	$\mu = 0.25$
胶带强度	$5400 \mathrm{N/mm^2}$
每米胶带质量	$q_B = 92.8 \mathrm{kg/m}$

名称	参数
每米物料质量	$q_G=173.61\mathrm{kg/m}$;
上托辊采用三托辊组,每米长转动部分质量	$q_{RO}=32.1\mathrm{kg/m}$
下托辊采用 V 型托辊组,每米长转动部分质量	$q_{RU}=12.32\mathrm{kg/m}$
传动滚筒直径	$D=1600\mathrm{mm}$
减速机速比	$i_1=28$

6.2.2　输送量校核

在图 6-3 所示的控制界面中,输入相关的参数,对输送量进行校核,得到如下校核结果。

$$Q_m=3600Svk\rho=3502\mathrm{t/h}>2500\mathrm{t/h}$$

式中　Q_m——带式输送机理论质量输送量,t/h;

　　　S——胶带上物料的最大截面面积,$S=0.30359\mathrm{m^2}$;

　　　k——带式输送机倾斜系数,$k=0.89$。

即满足输送量的要求。

6.2.3　运行阻力

(1) 主要阻力

按以下工况分别计算。

① 全段都有物料时

$$F_H=fL[q_{RO}+q_{RU}+(2q_B+q_G)\cos\delta]g=89546\mathrm{N}$$

② 上运段有物料,平运段有物料,下运段没有物料时

$$F_H=fL[q_{RO}+q_{RU}+2q_B\cos\delta+f(L_2+L_4)q_G\cos\delta]g=796990\mathrm{N}$$

③ 上运段有物料,平运段没有物料,下运段没有物料时

$$F_H=fL[q_{RO}+q_{RU}+2q_B\cos\delta+fL_2q_G\cos\delta]g=713693\mathrm{N}$$

④ 上运段没有物料,平运段有物料,下运段有物料时

$$F_H=fL[q_{RO}+q_{RU}+2q_B\cos\delta+f(L_3+L_4)q_G\cos\delta]g=717515\mathrm{N}$$

⑤ 上运段没有物料，平运段没有物料，下运段有物料时

$$F_H = fL[q_{RO} + q_{RU} + 2q_B\cos\delta + fL_3 q_G\cos\delta]g = 634195N$$

式中　F_H——主要阻力，N；

g——重力加速度，$g = 9.81 \text{m/s}^2$。

（2）附加阻力

$$F_N = F_{bA} + F_f + F_1 + F_t = 22368N$$

其中：

$$F_{bA} = 1000 I_V \rho(v - v_0) = 3125N$$

$$F_f = \frac{1000\mu_2 I_V^2 \rho g I_b}{\left(\dfrac{v + v_0}{2}\right)^2 b_1^2} = 1136N$$

$$F_1 = 12B\left(200 + 0.01\frac{F}{B}\right)\frac{d}{D} \times n_g = 17657N$$

$$F_f = 450N$$

式中　F_N——附加阻力，N；

F_{bA}——在受料点和加速段被输送物料与胶带间的惯性阻力和摩擦阻力，N；

F_f——在加速段被输送物料与导料槽间的摩擦阻力，N；

F_1——胶带绕经滚筒的缠绕阻力，N；

F_t——非传动滚筒轴承阻力，N，按 450N 估算；

I_V——带式输送机每秒设计输送量，m^3/s，$I_V = \dfrac{Q}{3600\rho} = 0.7716\text{m}^3/\text{s}$；

v_0——受料点物料在胶带运行方向上的速度分量，m/s，$v_0 = 0\text{m/s}$；

μ_2——物料与导料槽间的摩擦系数（0.5～0.7），$\mu_2 = 0.7$；

I_b——加速段导料槽的长度，m，$I_b = \dfrac{v^2 - v_0^2}{2g\mu_1} = 1.47\text{m}$；

b_1——导料槽间的宽度，m，$b_1 = 0.97\text{m}$；

μ_1——物料与胶带间的摩擦系数（0.5～0.7），$\mu_1 = 0.7$；

F——滚筒上胶带的平均张力，N；

d——胶带的厚度，m，$d=0.03$m；

D——滚筒直径，m，$D=1.6$m。

（3）主要特种阻力

$$F_{s1}=F_\varepsilon+F_{g1}=40061\text{N}$$

① 托辊前倾附加摩擦阻力

$$F_\varepsilon=F_{\varepsilon1}+F_{\varepsilon2}=37744\text{N}$$

装有三个等长托辊的承载分支前倾托辊组的附加摩擦阻力

$$F_{\varepsilon1}=C_\varepsilon\mu_0L_\varepsilon(q_B+q_G)g\cos\delta\sin\varepsilon=19633\text{N}$$

装有两个托辊的回程分支前倾托辊组的附加摩擦阻力

$$F_{\varepsilon2}=\mu_0L_\varepsilon q_B g\cos\delta\sin\varepsilon=18111\text{N}$$

② 被输送物料与导料槽间的摩擦阻力

$$F_{g1}=\frac{1000u_2I_V^2\rho g l}{v^2 b_1^2}=2317\text{N}$$

式中 F_{s1}——主要特种阻力，N；

$\quad\ \ F_\varepsilon$——托辊前倾的附加阻力，N；

$\quad\ \ F_{g1}$——被输送物料与导料槽间的摩擦阻力，N；

$\quad\ \ C_\varepsilon$——槽形系数，$C_\varepsilon=0.43$；

$\quad\ \ \mu_0$——托辊与胶带间摩擦系数（0.3～0.4），$\mu_0=0.4$；

$\quad\ \ L_\varepsilon$——装有前倾托辊的输送段长度，m，$L_\varepsilon=1900$m；

$\quad\ \ \varepsilon$——托辊组侧辊轴线相对于垂直胶带纵向轴线平面的前倾角，$\varepsilon=1.42°$；

$\quad\ \ L$——导料槽的长度，m，$L=12$m。

（4）附加特种阻力

$$F_{s2}=F_r+F_p=3902\text{N}$$

$$F_r=\sum A p\mu_3=3920\text{N}$$

式中 F_{s2}——附加特种阻力，N；

$\quad\ \ F_r$——胶带清扫器的摩擦阻力，N；

$\quad\ \ A$——胶带清扫器与胶带的接触面积，m^2，$\sum A=0.05\text{m}^2$；

$\quad\ \ p$——胶带清扫器与胶带间的压力（3×10^4～10×10^4Pa），$p=7\times10^4$Pa；

μ_3——胶带清扫器与胶带间的摩擦系数（0.5～0.7），$\mu_3=0.7$。

（5）倾斜阻力

各种工况下倾斜阻力如下。

① 全段都有物料时

$$F_{st}=q_G H_g=45416N$$

② 上运段有物料，下运段没有物料时

$$F_{st}=q_G H_g=242221N$$

③ 上运段没有物料，下运段有物料时

$$F_{st}=q_G H_g=-196804N$$

式中 F_{st}——倾斜阻力，N。

6.2.4 传动滚筒圆周力

各种工况下传动滚筒圆周力如下。

① 全段都有物料时

$$F_U=F_H+F_N+F_{s1}+F_{s2}+F_{st}=1007253N$$

② 上运段有物料，平运段有物料，下运段没有物料时

$$F_U=F_H+F_N+F_{s1}+F_{s2}+F_{st}=1105588N$$

③ 上运段有物料，平运段没有物料，下运段没有物料时

$$F_U=F_H+F_N+F_{s1}+F_{s2}+F_{st}=1022291N$$

④ 上运段没有物料，平运段有物料，下运段有物料时

$$F_U=F_H+F_N+F_{s1}+F_{s2}+F_{st}=1026113N$$

⑤ 上运段没有物料，平运段没有物料，下运段有物料时

$$F_U=F_H+F_N+F_{s1}+F_{s2}+F_{st}=503768N$$

式中 F_U——稳定运行传动滚筒所需圆周力，N。

传动滚筒圆周力取以上几种情况绝对值较大者，即第二种情况圆周力最大，取 $F_U=1105588N$。

6.2.5 电动机功率

稳定运行时传动滚筒所需运行功率

$$P_A = \frac{F_U V}{1000} = 4975.1 \mathrm{kW}$$

式中 P_A——传动滚筒所需运行功率，kW。

驱动电动机所需运行功率

$$P_M = k \frac{P_A}{\eta \eta' \eta''} = 6979.7 \mathrm{kW}$$

式中 P_M——驱动电动机所需运行功率，kW；

η——传动效率（0.85～0.95），$\eta = \eta_1 \eta_2 = 0.88$；

η_1——联轴器效率；每个机械联轴器 $\eta_1 = 0.98$，液力偶合器或其它软启动装置 $\eta_1 = 0.96$；

η_2——减速机传动效率，$\eta_2 = 0.94$；

η'——电压降系数（0.9～0.95），$\eta' = 0.9$；

η''——多级驱动不平衡系数（0.9～0.95），$\eta'' = 0.9$。

根据电动机自身的技术条件，结合本项目的情况，尽量降低胶带强度，综合考虑选用 7 台 1120kW 电动机，同步转速 1500r/min。

根据以上阻力计算，下胶带面运行阻力为 244915N，上胶带面运行阻力为 860673N。下胶带运行所需功率 $244915 \times 4.5 \div 1000 \div \eta \eta' = 1329 \mathrm{kW}$，上胶带及物料运行所需功率 $860673 \times 4.5 \div 1000 \div \eta \eta' \eta'' = 5434 \mathrm{kW}$。

本设备全长 9500m，根据地形情况、设备布置和上胶带、下胶带运行所需的驱动功率，考虑采用头、中、尾部驱动方式，根据运行阻力大小合理分配驱动装置。头部设置 3 台驱动装置，满足长度约 5000m 上胶带的运行阻力，中部设置 3 台驱动装置，满足长度约 4500m 上胶带的运行阻力和下胶带运行的小部分阻力，尾部设置 1 台驱动装置，满足下胶带大部分的运行阻力，功率配比为 3∶3∶1。

6.2.6 张力计算

本设备稳定运行所需要的圆周力为 1105588N，头、中、尾部驱动装置出力配比按 3∶3∶1，头部驱动装置输出的圆周力应为 473824N，中部驱动装置输出的圆周力应为 473824N，尾部驱动装置输出的圆周力应为157940N。对头、中、尾部三组驱动装置按其输出的圆周力分别进行胶带张力计算。

计算方法：先按胶带与传动滚筒不打滑条件计算各点张力，然后利用胶带允许的最大垂度条件核算输送带的最小张力是否满足要求。

根据胶带与传动滚筒之间不打滑条件 $F_1/F_2 \leqslant e^{\mu\varphi}$，计算胶带张力。

（1）头部驱动装置

如图6-6所示为头部驱动装置示意图。

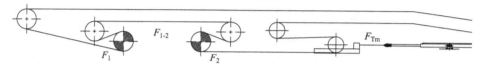

图6-6 头部驱动装置示意图

驱动形式采用2个传动滚筒3台电动机驱动，功率配比2∶1。2个传动滚筒围包角均为200°，胶带与传动滚筒摩擦系数 $\mu = 0.25$，尤拉系数 $e^{\mu\varphi} = 2.39$。

第一传动滚筒趋入点胶带张力 F_1，第二传动滚筒奔离点胶带张力 F_2 计算如下。

$$F_2 = \frac{F_{UA}}{3} \cdot \frac{1}{e^{\mu\varphi} - 1} = 113627\text{N}$$

$$F_{1\text{-}2} = F_2 + F_U/3 = 271568\text{N}$$

$$F_1 = F_{1\text{-}2} + 2F_U/3 = 587451\text{N}$$

承载段入料点张力 F_3 为

$$F_3 = F_2 + f\,(q_{Ru} + q_B\cos\delta)\,L_g - q_B H_g = 331231\text{N}$$

（2）中部驱动装置

计算方法和结果同头部驱动装置。

（3）尾部驱动装置

如图6-7所示为尾部驱动装置示意图。

驱动形式采用1个传动滚筒1台电动机驱动。传动滚筒围包角为200°，胶带与滚筒摩擦系数 $\mu = 0.25$，尤拉系数 $e^{\mu\varphi} = 2.39$。

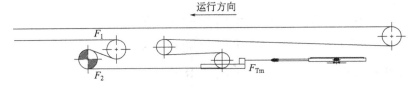

图 6-7　尾部驱动装置示意图

传动滚筒趋入点胶带张力 F_1，奔离点胶带张力 F_2 计算如下。

$$F_2 = \frac{F_{UA}}{e^{\mu\varphi}-1} = 113627\text{N}$$

$$F_1 = F_2 + F_U = 271567\text{N}$$

承载段入料点张力 F_3 为

$$F_3 = 331231\text{N}$$

头、中、尾部三组驱动装置驱动同一条带式输送机，如图 6-8 所示为胶带缠绕示意图。从图中可以看出，尾部驱动装置奔离点张力应等于中部驱动装置对应的承载段入料点张力，中部驱动装置奔离点张力应等于头部驱动装置对应的承载段入料点张力，根据以上计算数据，取其中的较大值作为每组驱动装置奔离点和承载段入料点的张力，即为 331231N。

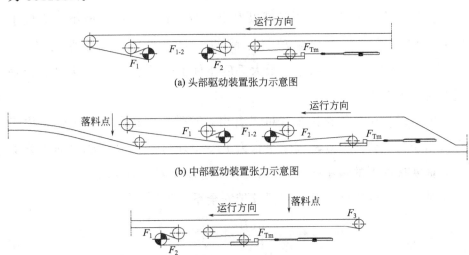

(a) 头部驱动装置张力示意图

(b) 中部驱动装置张力示意图

(c) 尾部驱动装置张力示意图

图 6-8　胶带缠绕示意图

计算趋入点张力为

头部趋入点张力：$F_1 = F_2 + F_U = 805055\text{N}$

中部趋入点张力：$F_1 = F_2 + F_U = 805055\text{N}$

尾部趋入点张力：$F_1 = F_2 + F_U = 489171\text{N}$

由于驱动滚筒趋入点张力 F_1 和奔离点张力 F_2 人为地由 113627N 增加至 331231N，故胶带与传动滚筒之间的摩擦力仍能满足不打滑条件 $F_1/F_2 \leqslant e^{\mu\varphi}$。

胶带在允许的最大垂度条件下的最小张力计算如下。

承载分支

$$F_{\min} = \frac{a_0 \, (q_G + q_B) \, g}{8h_{\text{rmax}}} = 36364\text{N}$$

回程分支

$$F_{\min} = \frac{a_U q_B g}{8h_{\text{rmax}}} = 34139\text{N}$$

式中　$F_{\min}$——胶带最小张力，N；

　　　　a_0——承载分支托辊组的间距，mm，$a_0 = 1.2\text{m}$；

　　　　a_U——回程分支托辊组的间距，mm，$a_U = 3\text{m}$；

　　　　h_{rmax}——胶带在相邻两托辊之间的垂度（0.1~0.2），$h_{\text{rmax}} = 0.01\text{m}$。

由带式输送机的整体布置可以看出，胶带在承载段的最小张力位于尾部驱动装置前和中部驱动装置前的入料点处，即最小张力 $F_3 = 331231\text{N} \geqslant 36364\text{N}$（承载分支最大垂度条件下的最小张力），满足胶带垂度所需张力要求。

由带式输送机的整体布置可以看出，胶带在回程段的最小张力位于头部驱动装置奔离点处，即最小张力 $F_2 = 331231\text{N} \geqslant 34139\text{N}$（回程分支最大垂度条件下的最小张力），满足胶带垂度所需张力要求。

对于胶带的强度核算，根据胶带安全系数为

$$S_A = \frac{\delta_N B}{F_{\max}} = 9.9 > 7$$

式中　δ_N——胶带额定拉断强度，N/mm²，$\delta_N = 5000\text{N/mm}^2$；

　　　　$F_{\max}$——胶带稳定运行的最大张力，N，$F_{\max} = F_1 = 805055\text{N}$；

S_A——胶带安全系数。

选用钢丝绳芯阻燃胶带 $S_t/S5000$ 型满足要求。

6.2.7　逆止力矩、制动力矩计算

（1）逆止力矩

各种工况下传动滚筒轴上的逆止力矩如下。

① 全段都有物料时

$$M_L=(F_{st}-F_U)D/2=-307524N\cdot m$$

② 上运段有物料，平运段有物料，下运段没有物料时

$$M_L=(F_{st}-F_U)D/2=-269711N\cdot m$$

③ 上运段有物料，平运段没有物料，下运段没有物料时

$$M_L=(F_{st}-F_U)D/2=-237726N\cdot m$$

④ 上运段没有物料，平运段有物料，下运段有物料时

$$M_L=(F_{st}-F_U)D/2=-239193N\cdot m$$

⑤ 上运段没有物料，平运段没有物料，下运段有物料时

$$M_L=(F_{st}-F_U)D/2=-207198N\cdot m$$

式中　M_L——带式输送机所需逆止力矩，$N\cdot m$；

　　　F_H——主要阻力，N，其中模拟摩擦系数取 0.012。

F_H 在不同工况下的计算值如下。

① 全段都有物料时：$F_H=429821N$；

② 上运段有物料，平运段有物料，下运段没有物料时：$F_H=382555N$；

③ 上运段有物料，平运段没有物料，下运段没有物料时：$F_H=342573N$；

④ 上运段没有物料，平运段有物料，下运段有物料时：$F_H=344407N$；

⑤ 上运段没有物料，平运段没有物料，下运段有物料时：$F_H=304414N$。

以上各种工况下的逆止力矩均小于零，即带式输送机在各种工况下

运行都不会产生逆止力矩，故本设备不需要设置逆止器。

（2）制动力矩计算

各种工况下的制动力如下。

① 全段都有物料时

$$F_B = (m_L + m_D)a_B - F'_U = 225105N$$

② 上运段有物料，平运段有物料，下运段没有物料时

$$F_B = (m_L + m_D)a_B - F'_U = -4680N$$

③ 上运段有物料，平运段没有物料，下运段没有物料时

$$F_B = (m_L + m_D)a_B - F'_U = -32599N$$

④ 上运段没有物料，平运段有物料，下运段有物料时

$$F_B = (m_L + m_D)a_B - F'_U = 407679N$$

⑤ 上运段没有物料，平运段没有物料，下运段有物料时

$$F_B = (m_L + m_D)a_B - F'_U = 379771N$$

取以上几种工况下的最大值计算制动力矩，即

$$F_B = 407679N$$

传动滚筒所需制动力矩

$$M_B = F_B D\eta/2 = 326143N \cdot m$$

6.2.8 拉紧装置拉紧力

考虑本输送系统大运距曲率带式输送机布置和自身的特性，为保证驱动装置启动时拉紧装置对胶带伸长能够及时作出响应，拉紧装置应设置在靠近驱动装置处。根据受力计算，头、中、尾部三组驱动装置正常运行时均为驱动状态（不是发电制动状态），拉紧装置设在每组驱动装置的奔离点处。

拉紧力为：$F' = 2F_2 = 662462N$，考虑拉紧装置使用系数 1.5，拉紧装置额定拉紧力为 $1.5F' = 993693N$。

6.3　设备设计选型

6.3.1　设计选型原则及驱动方式确定

（1）设计选型的原则

① 部件的选型在满足基本技术要求的前提下，兼顾经济性和实用性，力求整个设备性能好、投资少，便于安装、维护、维修。

② 兼顾各部件之间安装方便的同时，力求设备结构紧凑、体积小，以减小占地空间，减少土建工程量，减少投资。

③ 各主要受力部件的轴承选用知名品牌，润滑油采用防冻型润滑油，确保在严寒地区的极端温度下正常运行。

④ 全部采用防撕裂钢绳芯胶带。

⑤ 尽可能减少各类部件的规格和型号，力求驱动单元、托辊组和胶带等型号统一，减少备品备件，便于维护和管理。

⑥ 带式输送机均加设防护罩，不设输送机走廊；转载站和驱动站封闭不采暖。

⑦ 所有带式输送机安装打滑检测器、料流检测器、跑偏开关、拉绳开关、防撕裂检测器、溜槽堵塞检测器等保护装置，防止胶带撕裂和跑偏。

⑧ 对于功率大于250kW驱动单元采用660V低压变频调速方式，功率小于等于250kW的驱动单元采用380V低压变频调速方式。

（2）驱动方式

大运距曲线带式输送机的驱动方式一般有交流电动机＋液力偶合器＋减速器、交流电动机＋液体黏性软启动装置＋减速器、交流电动机＋CST可控启动传输驱动系统、交-交变频调速驱动系统等方式，均能够不同程度地改善带式输送机的启动性能，能够适应输送能力的变化要求，能够满足带式输送机工况变化的要求。对以上几种驱动方式经济比较如下。

① 交流电动机＋液力偶合器＋减速器

优点：

a. 液力偶合器是一种软连接，可以改善启动性能，实现多机驱动功率平衡，对减少电动机负载启动时对电网的冲击具有很大的作用。

b. 液力偶合器可以使带式输送机的启动做到可控。

c. 设备操作简单，无需额外辅助冷却装置。

d. 投资费用及运行费用较低。

缺点：

a. 液力偶合器传递的扭矩与其转速的平方成正比，低速时传递的扭矩小。

b. 在低速阶段不能提供稳定平滑的加速度，其传递特性是非线性的，它的控制特性不够准确。

c. 效率低，在稳定运行时也有 3％ 的滑差损耗，平均无故障工作时间为 5000～7000h。

② 交流电动机＋液体黏性软启动装置＋减速器

优点：

a. 液体黏性软启动装置是一种电液可控调速装置，传动效率高，可靠性高，运行费用低。

b. 能够实现电动机空载启动和多电动机驱动功率相互平衡，与电动机具有良好的匹配特性；能够实现自动过载保护功能。

c. 正常工作时不需水冷却系统，大大节省运行费用。

d. 整机结构简单、控制可靠，使用维护方便。

缺点：

a. 整机控制系统比较复杂，需专业人员进行调试。

b. 油膜的厚度影响输出扭矩和角速度差，因此对润滑油的质量及清洁度要求较高。

③ 交流电动机＋CST 可控启动传输驱动系统

优点：

a. 完全可调节启动速率斜率，软启动、软制动性能良好。

b. 耦合器和减速器在一个整体内，体积小，占地少。

c. 启动完成后，在正常运行带速时，滑差消耗小，效率高。

d. 驱动主电机可实现分时空载启动，对电网冲击小。

e. 可以实现多台驱动电动机之间的功率平衡。

缺点：

a. 在滑差损耗，所产生的热功耗必须配套可靠的热交换设备。

b. 在功率平衡时要求主驱动与从驱动间具有差转的区别。

c. 无法在低速段长期运行。

d. 运行费用较高。

④ 交-交变频调速驱动系统

优点：

a. 交-交变频驱动系统（防爆），调速性能好，能较好地实现平滑软启动及无级调速功能。

b. 能减少启动过程中的尖峰电流，并能减少对机械设备的冲击，延长机械设备的使用寿命。

c. 能较好地实现多点驱动时多台驱动电动机间的功率平衡功能，使系统能均衡平稳地运行，减少电动机故障率。

d. 运行过程中可根据来煤量调节输送机的速度，达到节能降耗的目的。

缺点：

a. 系统功率因数低。

b. 对电网的无功冲击高。

c. 投资费用相对较高。

综合以上比较，结合国内外大运距、大运量、高带速、曲线转弯带式输送机的使用经验，交-交变频调速驱动系统经过多年的应用，技术已经比较成熟。特别是本输送系统大运距曲线带式输送机的工艺布置和驱动功率配置的情况，能够很好地实现多台电动机的功率平衡，故设计推荐交-交变频调速驱动系统。

交-交变频调速驱动系统结构配置简单，运行稳定、设备少；能够对大运距、角度变化起伏运输带式输送机的启动过程、加速过程、空载运行、加载过程、满载运行、卸载过程、制动过程等进行全过程控制，能够很好地适应电动机电动状态和发电状态的交替控制，能够满足各种工况下的全过程进行控制要求；启动加速时间可任意调节，真正能够做到软启动、软制动；不仅可以实现带式输送机验带时长时间低速运行的要求，而且电动机在发电状态下运行时能够实现发电反馈回电网，达到节能省电的目的；同时交-交变频调速驱动系统还可以根据物料运量的变化按需调节带速，可实现以不同带速长时间运行，节能效果更好。但控制系统比较复杂，对维护、检修人员的技术水平要求较高，应具备一定的现场管理和使用经验。

6.3.2　主要设备选型

（1）驱动装置

大运距曲线带式输送机共采用头、中、尾部三组驱动系统。头部驱动系统采用 2 个传动滚筒 3 台电动机驱动，功率配比 2∶1，如图 6-9 所示头部驱动装置布置图。中部驱动系统也采用 2 个传动滚筒 3 台电动机驱动，功率配比 2∶1。尾部驱动系统采用 1 个传动滚筒 1 台电动机驱动。每套驱动装置均由电动机、变频软启动装置、减速器、联轴器、制动器等组成。

① 电动机

采用变频三相异步电动机，变频范围 $0\sim50\,\mathrm{Hz}$，电压 $10\,\mathrm{kV}$，功率 $1120\,\mathrm{kW}$，知名品牌轴承，带温度检测，接线采用压线式，冷却方式为风冷；适应海拔高度 $+1400\,\mathrm{m}$ 的周围环境，喇叭口垂直电机方向，喇叭口直径满足电缆要求，电动机铭牌为镶嵌式。

选取 YBBP5602-4 型高压隔爆变频调速三相异步电动机，额定功率 $1120\,\mathrm{kW}$，额定转速 $1492\,\mathrm{r/min}$，$10\,\mathrm{kV}$，数量 7 台。

② 减速机

采用硬齿面平行轴减速器，齿轮和轴承在电动机额定功率下，使用寿命应保证不少于 50000 个工作小时。高速轴应能承受联轴器重量引起的径向荷载。要保证冬季 $-27.9\,℃$ 作业的可靠性，结构、材料、润滑方式

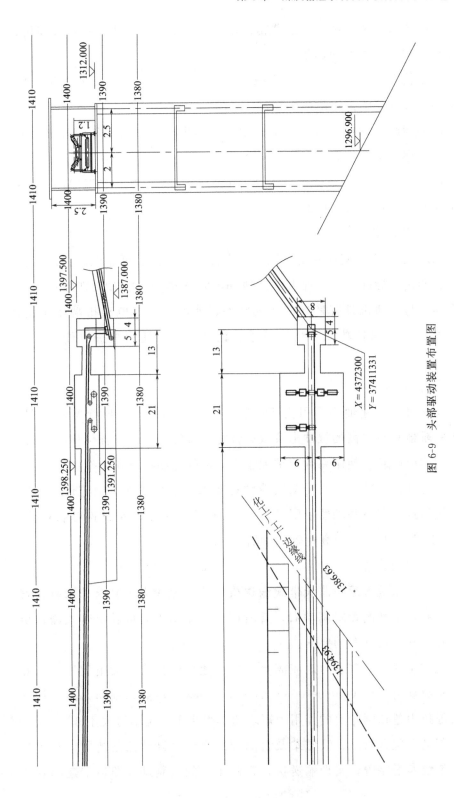

图 6-9　头部驱动装置布置图

及润滑油的选择要合理。减速器箱体采用焊接结构。减速器要具有油位、油温显示和自动控温加热装置。

要求技术水平先进，设备体积小、效率高、先进可靠，使用系数要求不小于 2.0 倍的传动滚筒轴功率。

传动滚筒的轴功率为 711kW，根据减速机产品要求，每台减速机的输出轴功率应不小于 995kW。

选取 H3SH18 型减速机，冷却盘管冷却，额定功率 1357kW，热容量 1038kW，速比 28，数量 7 台。

③ 软启动装置

采用交-交变频调速启动系统。要求传动效率高、可靠性高、运行费用低、调速性能好，可实现无极调速和验带等功能；能够实现电动机空载启动，与电动机具有良好的匹配特性；能够实现多电动机功率平衡；具有过载自动保护功能；结构简单、控制可靠、使用维护方便。数量 7 台。

④ 联轴器

低速轴与高速轴均采用快速拆装型（带键连接）蛇形弹簧联轴器。要求联轴器具有较高的抗冲击及减震性能、较好的补偿综合位移的能力，维护间隔时间长，使用系数要求大于 1.5 倍的电动机驱动功率。

按电动机、减速机、传动滚筒轴径要求，结合联轴器额定传动力矩和许用转速，考虑联轴器使用系数 1.5，选用 6210T05 型低速轴联轴器，7 台；选用 6140T05 型高速轴联轴器，7 台。

（2）制动装置

本输送系统大运距曲线带式输送机起伏变化较大，要求采用有良好的刚度和稳定性的盘式制动器，其所产生的制动力矩可满足带式输送机可控停车和停机驻车的要求。

盘式制动器的制动力矩应满足《煤矿建设项目安全设施设计审查和竣工验收规范》（AQ1055-2008）的规定："制动装置的制动力矩与设计最大静拉力差在闸轮上的作用力矩之比不得小于 2 也不得大于 3"。

制动器包含盘闸、液压站及自动控制装置。自动控制装置应与主机控制系统匹配完善，实现输送机正常停车时的软制动。即当带速降到较低时（如小于 0.3m/s 时）逐渐施加制动力，当带速为 0 时闸住滚筒，避免逆止器受力。

盘式制动器的响应速度快，反应速度应小于 0.2s。每对盘式制动器的制动力由 0 增至额定值时应能够逐渐、连续、平稳地变化。制动力加载时间能够根据现场调试情况连续可调。摩擦片应经过相关检测，在制动过程中不许有火花产生，不应对闸盘造成损伤，并保证在温度不大于 450℃时，摩擦系数稳定保持 $f \geqslant 0.4$；盘式制动器的使用寿命不低于 10 年；摩擦片的使用寿命不低于 1000h。

盘式制动器应设有完善的安全闭锁保护功能，避免制动器电控装置突然断电而主机正常运行时制动器瞬时施闸；电气系统应备有 UPS 不间断电源，液压系统应有压力可调缓慢施闸的功能。当制动器工作时应向主机控制系统发出施闸信号。

液压控制系统采用并联双回路结构。

根据计算，设备所需传动滚筒轴上总的制动力矩为 326140N·m，考虑制动器使用系数和规范要求，制动器总的制动力矩应不小于 652280N·m。

根据带式输送机整体布置和制动要求，考虑制动时胶带与滚筒不打滑条件要求，设计在头、中、尾部驱动装置处各设置 1 台盘式低速制动器，共 3 台，型号为 KPZ-1400/4×YZ-160，最大制动力矩 236kN·m。

（3）拉紧装置

拉紧装置是带式输送机在各种工况下安全、可靠运行的保证，主要是根据带式输送机整体结构和布置方式、胶带张力大小、拉紧行程综合考虑确定。

本输送系统的大运距曲线带式输送机，运输距离长、张力大，起伏变化大，运行工况复杂，环境温差大，胶带伸缩量较大，对拉紧装置工作状况要求高。在拉紧装置的选用时，不仅要求其动态性能好、反应灵敏、响应速度快，而且还应考虑各种复杂工况下的不利因素影响，设计采用自控液压拉紧装置。

自控液压拉紧装置吸收了世界工业发达国家的先进技术，考虑带式输送机在启动和正常运行时对张力的不同需要，经合理的输送带张力模型分析研究而设计的。自控液压拉紧装置主要由液压泵站、张紧油缸、蓄能站、张紧绞车、隔爆兼本安型控制开关及钢丝绳、滑轮组等附件组成，具有以下特点：

① 启动和正常运行时的张力根据带式输送机张力需求可任意调节，控制系统可实现闭环反馈功能，保证带式输送机在不同状况下正常运行。

② 拉紧装置通过液压泵站控制拉紧油缸的快速伸缩，能够适时补偿胶带的弹性振荡引起的带式输送机的不稳定，减小带式输送机启动时冲击动载荷的影响，为设备平稳启动提供有力保证。

③ 能够及时提供断带检测信号，能够在设备停机和胶带打滑时自动增加张紧力满足设备运行条件。

④ 与其它设备可形成集控系统，易于实现控制自动化。

由胶带张力计算可知，设备稳定运行时，头、中、尾部拉紧装置处胶带张力均为 $F_2=331231\text{N}$，考虑拉紧使用系数和设备启动需求，拉紧装置最大拉紧力应不小于 $1.5\times2\times F_2=993693\text{N}$，选用拉紧装置型号 ZYJ500（ZLY-03-1000），最大拉紧力 1000kN，泵站功率 5.5kW，拉紧绞车功率 7.5kW。

（4）凸弧半径

根据计算 $R_1\geqslant kB\sin\lambda=153\text{m}$，根据选型经验取凸弧半径 $R_1=200\text{m}$。λ 代表承载托辊的槽角。

（5）凹弧半径

根据计算 $R_2=\dfrac{kdFi}{qBg\cos\alpha}=1063\text{m}$，根据带式输送机启动特性，防止发生飘带，并考虑设备运行时的张力波动，在较大变坡点处凹弧半径留有一定的余量，确保设备安全可靠的启动、运行，根据计算和选型经验，取凹弧半径 $R_2=1500\text{m}$。

（6）平面转弯半径和空间转弯半径

本设备转弯处地形复杂，需理论计算与现场调研相结合，借鉴已经运行的类似带式输送机的使用经验，确定合理的曲率半径，确保大运距曲线输送机的运行更加安全、可靠、平稳。

带式输送机平面转弯和空间转弯实现的先决条件是转弯处胶带的受力平衡，力的平衡关系是确定带式输送机最小转弯半径的依据。

本设备转弯处承载段托辊组采用槽形三辊形式，回程段托辊组采用 V 形二辊形式。槽形承载托辊组的运行工况分重载运行和空载运行，与空载运行相比，重载运行时需要增加物料受力计算。

如图 6-10 为转弯处槽形托辊组和胶带的断面图。对水平转弯处带式输送机受力分析计算时，在极其微小的单位长度范围内，忽略胶带所受的纵向张力，胶带受力为张力产生的向心力、托辊对胶带的摩擦力和支撑反力，胶带和物料自身重力的受力分析如图 6-11。理论上胶带所受摩擦力的方向是沿托辊轴向的，实际计算时，由于托辊的轴线与此处胶带中心线的法线所形成的夹角极小，可认为两者共线重合。

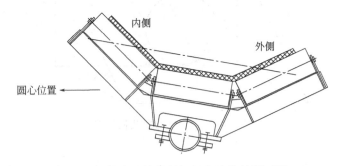

图 6-10　转弯处槽形托辊组和胶带的断面图

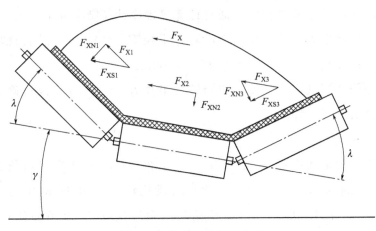

图 6-11　胶带和物料受力图

对空间转弯处带式输送机受力分析计算时，可将胶带和物料简化为如图 6-12 所示几何模型。将胶带和物料微分化后，该几何模型可看作一

个在倾角为 β 的斜面上沿带式输送机中心线做圆周运动的质点。为了使空间转弯处的胶带和物料能够沿预定的曲线自由改变运行方向，胶带上各点的曲率半径 R 应满足一定的力学平衡条件。现取输送带在空间曲线段上中轴线长为 $R\,\mathrm{d}\alpha$ 的微元段作为研究对象对其进行受力分析，利用微元段张力平衡条件 $\sum X=0$、$\sum Y=0$，$\sum Z=0$，计算空间转弯处带式输送机的曲率半径。

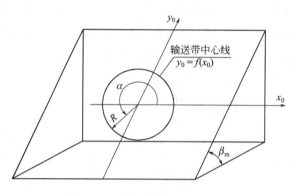

图 6-12　空间转弯段几何模型

以上计算需用的参数多，数据复杂，计算量大，计算结果需反复对比校核并调整，人工计算工作量异常庞大，利用该带式输送机设计计算程序速度快，结果相对精确。通过计算机程序计算结果如下：

在平面转弯处，计算得出平面转弯半径 $R_3=2383\mathrm{m}$，结合现场的使用经验，设计确定平面转弯半径 $R_3=3000\mathrm{m}$。

在空间转弯处，计算得出空间转弯半径 $R_4=2961\mathrm{m}$，设计确定空间转弯半径 $R_4=4000\mathrm{m}$。

（7）托辊

托辊在正常使用条件下的寿命不低于 30000h，托辊质量应符合《带式输送机技术条件》的要求。承载直线段托辊组采用 35°槽角的三辊形式，承载转弯段托辊组采用 45°槽角的三辊形式或 60°槽角的四辊形式，回程 V 形托辊组采用 10°槽角的两辊形式。为保护胶带，延长使用寿命，在落料点采用缓冲托辊组和聚氨酯缓冲床。

（8）滚筒

滚筒主要有传动滚筒、卸载滚筒、改向滚筒和拉紧滚筒四种类型。

驱动滚筒采用铸胶或陶瓷菱字形胶面，其它滚筒采用铸胶平胶面，所有滚筒许用合力和许用扭矩均应满足带式输送机各种工况的要求。

传动滚筒根据驱动装置要求设计成单出轴和双出轴两种类型，轴承采用英国 cooper 剖分轴承，便于拆装和维修。设计中要尽量减少不同规格和型号的滚筒的使用，增加通用性，以减少备件。

（9）调偏装置

承载托辊组中，每 10 组托辊设 1 个上调偏托辊组，每隔 60m 设一组无源自动纠偏装置。

回程托辊组中，每 8 组托辊设 1 个下调偏托辊组，每隔 100m 设一组无源自动纠偏装置。

承载托辊组和回程托辊组均采用可调托辊，调整角度为 $\pm 10°$。

6.3.3　辅助设备选型

（1）翻带、清扫装置

在输送机机头、机尾处均设翻带装置，使得与回程托辊接触的胶带表面仍为非承载带面，即保护大运距胶带，延长其使用寿命，又集中清理胶带回程带面上的煤粉，减少粉尘污染。头部采用两道清扫器，回程面采用非工作面清扫器。

（2）胶带

为避免由于系统中不可预见的尖锐硬物所引发的胶带纵向撕裂现象出现，造成严重的停产事故和经济损失，输送系统全部采用防撕裂钢绳芯胶带 $St/S5000$ 型。

（3）头部护罩及卸料漏斗

如图 6-13 所示为输送机头部护罩。本项目采用流线型弧形头部护罩，漏斗采用诱导风阻尼漏斗，从而有效解决物料对设备的冲击磨损，降低转运站内噪声污染；溜槽的设计必须保证所有落料点和输送胶带对准，运行期间不能发生落料点不正导致胶带跑偏磨损现象。

使用卸料漏斗需考虑事故停车时存料的问题，同时保证输送系统重新启动后漏斗中的积料能顺利进入下一级输送机。

图 6-13　输送机头部护罩

由于设备运量大，漏斗底面钢板磨损速度较快，设备更换费时、费力。为了延长漏斗使用寿命，在与煤炭直接接触的倾斜钢板内侧增加厚度为 40mm 耐磨衬板。

（4）导料槽

导料槽每段长度为 1.5m。导料槽导料裙板下面有用类似楔子等固定的橡胶板，使其容易拆装。在胶带与导料裙板之间的间隙设可以调整的橡胶挡板。导料槽的横截面形状与胶带槽形相吻合。导料槽前后各设置橡胶防尘帘。导料槽下部设置接料板，以防撒料。

（5）安全保护装置

带式输送机全程加设防护罩。为预防胶带输送机运行发生事故，设备配有驱动滚筒防滑保护装置、堆煤保护装置、防跑偏装置、沿线急停装置、胶带拉紧力下降保护装置、防撕裂保护装置、温度保护、烟雾保护、堆煤保护和自动洒水装置、火灾报警自动灭火装置等各种保护措施。

另外，在凹弧、平面转弯和空间转弯处，在胶带侧面增加挡辊、上面增加压辊，防止设备在非正常启动时跑偏严重或飘带。

6.4　参数设计

6.4.1　主要参数

大运距曲线带式输送机主要特征见表 6-3。头、中、尾部驱动装置配置见表 6-4。

表 6-3　大运距曲线带式输送机主要特征

项目	数值
物料粒度/mm	≤300
输送量/(t/h)	2500
带宽/mm	1600
带速/(m/s)	4.5
带式输送机长度/m	9400
提升高度/m	30
倾角/(°)	沿地形
托辊槽角/(°)	35
托辊直径/mm	133
带强/(N/mm)	5000
传动滚筒直径/mm	1600
计算轴功率/kW	4975.1
计算电机功率/kW	6979.7
选用电机功率/kW	7×1120
胶带安全系数	9.9
驱动装置数量	7

表 6-4　头、中、尾部驱动装置配置

序号	项目名称		规格或参数		
			头部驱动装置	中部驱动装置	尾部驱动装置
1	驱动装置	类型	双滚筒三驱动	双滚筒三驱动	单滚筒单驱动
		功率配比	2∶1	2∶1	—
2	电动机	型号	YBBP5602-4	YBBP5602-4	YBBP5602-4
		功率/kW	1120	1120	1120
		电压等级/V	10000	10000	10000
		数量/台	3	3	1
3	减速器	型号	H3SH18	H3SH18	H3SH18
		减速比	28	28	28
		数量/台	3	3	1
4	软启动装置	传递功率/kW	1120	1120	1120
		数量/台	3	3	1
5	传动滚筒直径/mm		1600	1600	1600
6	高速轴 T 型蛇形弹簧联轴器		6140T05	6140T05	6140T05
7	低速轴 T 型蛇形弹簧联轴器		6210T05	6210T05	6210T05
8	拉紧装置		自控液压拉紧装置	自控液压拉紧装置	自控液压拉紧装置
			ZYJ500 (ZLY−03−1000)	ZYJ500 (ZLY−03−1000)	ZYJ500 (ZLY−03−1000)
9	制动器	型号规格	KPZ−1400/4× YZ−160	KPZ−1400/4× YZ−160	KPZ−1400/4× YZ−160
		额定制动力矩/kN·m	236	236	236
		数量	1	1	1

6.4.2　启动与停机控制参数

（1）启动控制

对大运距曲线带式输送机来说，胶带既长又重，特别是在重载工况下，启动时系统的惯性质量非常大，设定足够小的启动加速度使设备能够平稳启动，是启动控制的关键所在。

带式输送机启动加速度，应符合下列规定：

① 机长超过 200m 的带式输送机，启动平均加速度不应大于 $0.3m/s^2$；

② 倾斜输送物料的带式输送机，加速度的选择，应保证物料与输送带间不打滑；

③ 机长超过 500m 的带式输送机（电动工况）或机长超过 200m 的向下输送的带式输送机（发电工况），启动平均加速度不宜大于 $0.2m/s^2$；倾角变化较大、布置复杂的长距离带式输送机，不宜大于 $0.1/s^2$；

④ 带式输送机的启动加速时间，不应超过驱动电动机允许的启动时间或软启动装置允许的最长启动时间。

本项目中的大运距曲线带式输送机运输距离达到 9.4km，线路起伏不平，并有水平转弯和空间转弯，属于极其复杂的带式输送机。根据带式输送机启动加速度规定，并结合设计经验和现场调试经验，对本设备分别按加速度为 $0.05m/s^2$、$0.03m/s^2$、$0.02m/s^2$ 的曲线对设备进行空载启动。加速度为 $0.05m/s^2$ 时，从沿途的监控看，凹弧段、水平转弯段和空间转弯段均有不同程度的胶带跳动现象；加速度为 $0.03m/s^2$ 时，整机启动相对平稳；加速度为 $0.02m/s^2$ 时，整机启动均较为平稳，在凹凸和转弯的几个关键位置，胶带没有出现跳动和飘带现象。

本项目软启动采用变频软启动装置，可随意设定启动时间和启动加速度，可有效控制设备平稳启动过程。

根据以上分析，结合现场的调试情况，确定采用如图 6-14 所示的具有预张紧阶段的启动速度曲线，启动加速度为 $0.02m/s^2$，总启动时间约为 280s。

图 6-15 所示为输送系统满载状态下运行时几个关键点的张力情况。从图中可以看出，在这检测的几个关键位置中，头部驱动滚筒位置的张力是最大的，这种工况下最大张力是 811kN，输送带的安全系数是 9.8。

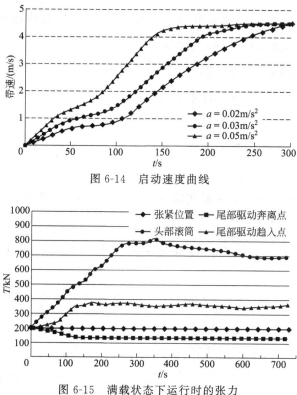

图 6-14　启动速度曲线

图 6-15　满载状态下运行时的张力

图 6-16 所示为输送系统空载状态下运行时几个关键点的张力情况。从图中可以看出，在这检测的几个关键位置中，尾部驱动滚筒位置的张力是最大的，这种工况下最大张力是 380kN，输送带的安全系数是 21，这与实际情况相吻合。

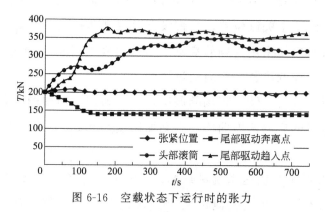

图 6-16　空载状态下运行时的张力

（2）停机控制

大运距曲线带式输送机停机时不能仅靠关闭驱动装置来完成，这样会造成承载段张力突然降低导致转弯段胶带褶皱、撒料等事故。本系统在头、中、尾部驱动装置处均设有可控盘式制动器，当电动机断电后，制动器延时 5s 动作，控制系统使制动器逐渐加载，避免高速制动时对系统造成较大冲击，实现安全、平稳停机。

由带式输送机设计计算程序得知，关闭电动机时自由停车减速度为 $0.069\mathrm{m/s^2}$，制动器起作用时制动减速度为 $0.1\mathrm{m/s^2}$，停机总时间约为 48s，这与现场调试情况基本一致。

带式输送机停机瞬间，会有相当大的能量储存，此时若释放任意制动器，都会造成驱动装置处胶带出现较大位移，造成停机事故发生。为了避免这些危险因素的发生，胶带停止运行 10s 后释放制动器，使系统的能量自行释放。

如图 6-17 所示为带式输送机停机曲线图。

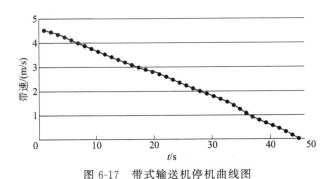

图 6-17　带式输送机停机曲线图

如图 6-18 所示为已经投入生产的部分输送系统实例。

图 6-18　已投入生产的部分输送系统实例

6.5　本章小结

本章对整个输送系统设计进行了软件开发，并应用于矿井。运用 CEMA 核心算法，以 Visual C++为主要平台进行设计，该程序操作简单，界面友好，运行可靠。确立了输送系统的主要技术参数，并进行了合理的选型，利用该开发程序进行了输送系统的动态特性分析，然后将参数设计成功应用于煤炭的输送系统的设计中。

参考文献

[1] 张尊敬，汪甦. DTII(A)型带式输送机设计手册[M]. 北京：冶金工业出版，2003.

[2] 侯友夫，黄民，张永忠. 带式输送机动态特性及控制技术[M]. 北京：煤炭工业出版社，2004.

[3] 张钺. 新型带式输送机[M]. 北京：冶金工业出版社，2001.

[4] 成大先. 机械设计手册[M]. 北京：化学工业出版社，2002.

[5] 殷国富，刁燕，蔡长韬. 机械 CAD/CAM 技术基础[M]. 武汉：华中科技大学出版社，2012.

[6] 中国煤炭建设协会. 煤炭工业矿井设计规范[M]. 北京：中国计划出版社，2016.

[7] 中国煤炭建设协会. 带式输送机工程设计规范[M]. 北京：中国计划出版社，2008.

[8] 中国煤炭建设协会. 煤炭洗选工程设计规范[M]. 北京：中国计划出版社，2006.